T0281128

Winfried Schirotzek | Siegfried Scholz

Starthilfe Mathematik

Mathematik für Ingenieure und Naturwissenschaftler

Herausgegeben von

Prof. Dr. Otfried Beyer
Prof. Dr. Horst Erfurth
Prof. Dr. Christian Großmann
Prof. Dr. Horst Kadner
Prof. Dr. Karl Manteuffel
Prof. Dr. Manfred Schneider
Prof. Dr. Günter Zeidler

Winfried Schirotzek | Siegfried Scholz

Starthilfe
Mathematik

Für Studienanfänger der Ingenieur-,
Natur- und Wirtschaftswissenschaften

5., durchgesehene Auflage

STUDIUM

**VIEWEG+
TEUBNER**

Bibliografische Information der Deutschen Nationalbibliothek
Die Deutsche Nationalbibliothek verzeichnet diese Publikation in der
Deutschen Nationalbibliografie; detaillierte bibliografische Daten sind im Internet über
<http://dnb.d-nb.de> abrufbar.

Prof. Dr. Winfried Schirotzek
Geboren 1939 in Breslau, 1945 Flucht aus Schlesien nach Thüringen, 1957 - 1962 Studium der
Mathematik an der TU Dresden, danach dort wiss. Mitarbeiter, 1967 Promotion, 1977 Habilitation,
1991 Berufung zum Universitätsprofessor an der TU Dresden.
Arbeitsgebiete: nichtlineare, insbesondere nichtglatte Analysis; Optimierungstheorie

Prof. Dr. Siegfried Scholz
Geboren 1939 in Eichwald/Nordböhmen. Ab 1958 Mathematikstudium an der TH/TU Dresden.
Diplom 1963. Promotion 1971. Ab 1963 wissenschaftlicher Assistent am Institut für Angewandte
Mathematik und ab 1972 wissenschaftlicher Oberassistent am Wissenschaftsbereich Numerische
Mathematik der Technischen Universität Dresden. Seit 1992 Professor an der Hochschule für Tech-
nik und Wirtschaft Dresden (FH).

1. Auflage 1995
2. Auflage 1997
3. Auflage 1999
4. Auflage 2001
5., durchgesehene Auflage 2005
unveränderter Nachdruck 2010

Alle Rechte vorbehalten
© Springer Fachmedien Wiesbaden 2005

Ursprünglich erschienen bei Vieweg+Teubner | GWV Fachverlage GmbH, Wiesbaden 2005

Lektorat: Ulrich Sandten | Kerstin Hoffmann

www.viewegteubner.de

Umschlaggestaltung: KünkelLopka Medienentwicklung, Heidelberg

Gedruckt auf säurefreiem und chlorfrei gebleichtem Papier.

ISBN 978-3-8351-0027-5   ISBN 978-3-322-82203-1 (eBook)
DOI 10.1007/978-3-322-82203-1

Vorwort

Für viele Wissenschaftsdisziplinen ist die Mathematik ein wesentliches Hilfsmittel. So sind mathematische Begriffe, Sachverhalte und Methoden in den Natur-, Ingenieur- und Wirtschaftswissenschaften unverzichtbar. Daher ist Mathematik ein Grundlagenfach für zahlreiche Studiengänge sowohl an Universitäten als auch an Fachhochschulen.

Manchem Studienanfänger bereitet jedoch die Mathematik erhebliche Schwierigkeiten. Diese ergeben sich vielfach aus "Lückeneffekten". Die vielfältigen Gestaltungsmöglichkeiten der Mathematikausbildung, die an Gymnasien und anderen Ausbildungsstätten durch Wahl von Grund- oder Leistungskursen sowie verschiedener wahlobligatorischer Themen gegeben sind, bewirken Unterschiede in der mathematischen Vorbildung der Studienanfänger. Hinzu kommt, daß Kenntnisse aus früher Schulzeit verlorengegangen sind oder nicht mit nötiger Sicherheit beherrscht werden. Darauf kann aber in den Lehrveranstaltungen an den Hochschulen nur bedingt Rücksicht genommen werden. Die vorhandenen Lücken aufzuspüren und zu schließen, bleibt letztlich jedem selbst überlassen.

Dazu bietet die vorliegende "Starthilfe Mathematik" ihre Unterstützung an, indem sie eine Brücke zwischen dem Gymnasium (bzw. einer anderen studienvorbereitenden Schule) und der Hochschule schlägt. Das Buch enthält wichtige Themen der Elementarmathematik (wie z. B. Bruchrechnung, Umformung von Termen, Rechnen mit den Grundfunktionen), der linearen Algebra (u. a. lineare Gleichungssysteme) und der Analysis (Grenzwerte, Ableitungen, Integrale). Außerdem nehmen auch elementare und analytische Geometrie, die für einige Studieneinrichtungen von großer Wichtigkeit sind, breiten Raum ein. Dagegen fanden stochastische Fragestellungen keine Berücksichtigung, da dieses Stoffgebiet im allgemeinen in der Anfangsphase des Studiums noch nicht benötigt wird.

Dem Leser wird empfohlen, mit dem Buch nach Möglichkeit schon v o r Studienbeginn zu arbeiten. Es eignet sich aber auch als studienbegleitende Literatur für weite Strecken des ersten Mathematiksemesters.

An einigen wenigen Stellen werden tieferliegende Zusammenhänge in kleingedruckten Bemerkungen angedeutet, denen ein Stern (*) vorangestellt ist; diese können ohne Nachteil für die weitere Lektüre übergangen werden. Außerdem wurde für Beispiele eine kleinere Schriftgröße gewählt, um den Text deutlicher zu strukturieren, jedoch keineswegs, um den Beispielen eine geringere Bedeutung beizumessen. Im Gegenteil: Die Beispiele haben eine besondere Wertigkeit; sie sind für das Verständnis des Textes unentbehrlich.

Gern nutzen wir die Gelegenheit, mehreren Kolleginnen und Kollegen zu danken. Beim Anfertigen der Bilder war uns die Mitwirkung von Herrn Dr. H.-P. Scheffler und Frau Dr. C. Vanselow eine außerordentliche Hilfe, für die wir uns herzlich bedanken. Zu besonderem Dank verpflichtet sind wir Frau M. Gaede für die sorgfältige Anfertigung der Druckvorlage und ihr geduldiges Eingehen auf alle unsere Gestaltungswünsche. Zahlreiche Kollegen haben das Entstehen des Buches durch ihre Hinweise und Ratschläge unterstützt; die Herren Prof. Dr. K. Manteuffel, Prof. Dr. M. Richter, Dr. K. Vetters und Prof. Dr. G. Zeidler haben das vollständige Manuskript sorgfältig und kritisch gelesen. Ihnen allen möchten wir an dieser Stelle herzlich danken. Schließlich bedanken wir uns beim Teubner-Verlag, insbesondere bei Herrn J. Weiß, für die Anregung zu diesem Projekt und für die entgegenkommende, konstruktive Zusammenarbeit.

Dresden, im August 1995   W. Schirotzek   S. Scholz

In der vorliegenden 4., durchgesehene Auflage wurden Druckfehler korrigiert und einige Formulierungen überarbeitet.

Dresden, im Juli 2001   W. Schirotzek   S. Scholz

Auch in der 5. Auflage wurden vereinzelte Druckfehler korrigiert und einige Formulierungen überarbeitet. Außerdem wurden Bilder verbessert.

Dresden, im Juni 2005   W. Schirotzek   S. Scholz

Inhalt

1 Logik und Mengenlehre

1.1 Grundbegriffe der mathematischen Logik

In diesem Abschnitt stellen wir Begriffe, Symbole und Sprechweisen bereit, die das sprachliche Medium zur Formulierung mathematischer Sachverhalte bilden und daher im folgenden immer wieder verwendet werden. Um dies an relevanten Beispielen erläutern zu können, werden wir schon hier mit Begriffen wie "reelle Zahl" oder "kartesisches Koordinatensystem" arbeiten, die dann in späteren Kapiteln ihrerseits noch ausführlich erörtert werden.

Die mathematische Logik befaßt sich mit Aussagen. Unter einer **Aussage** versteht man ein sprachliches oder formelmäßiges Gebilde, dem man entweder den Wahrheitswert **wahr** oder den Wahrheitswert **falsch** zuordnen kann. Statt "Die Aussage p hat den Wahrheitswert wahr" sagt man auch "p ist eine wahre (oder richtige) Aussage" oder einfach "p gilt". Analog sagt man "p ist eine falsche Aussage" oder "p gilt nicht".

Beispiel 1.1 Der Satz
"Im vorliegenden Buch wird mathematische Logik auf den Seiten 9 - 11 behandelt"
ist eine wahre Aussage. Dagegen ist
"Kapitel 2 dieses Buches befaßt sich mit Kugelgeometrie"
eine falsche Aussage.
Ausrufungs- und Fragesätze sind *keine* Aussagen.

In der Mathematik kommen Aussagen häufig in der Form von Gleichungen vor. So ist $\sqrt{4} = 2$ eine wahre Aussage. Anders formuliert: Es gilt $\sqrt{4} = 2$. Aber $\sqrt{4}$ ist *keine* Aussage, sondern ein **Ausdruck** oder **Term**.

Durch Verknüpfung von Aussagen entstehen neue Aussagen, deren Wahrheitswert sich aus den Wahrheitswerten der verknüpften Aussagen ergibt. Mathematische Sätze und deren Beweise sind solche **Aussagenverknüpfungen**.
Wir stellen im folgenden die gebräuchlichsten Aussagenverknüpfungen zusammen.
Es seien p, q Aussagen; dann bezeichnet

$\overline{p}$ (oder auch $\neg p$) die **Negation** von p (gelesen: "nicht p"),

$p \wedge q$ die **Konjunktion** von p und q (gelesen: "p und q", "sowohl p als auch q"),

$p \vee q$ die **Disjunktion** von p und q (gelesen: "p oder q"; dieses Oder ist aber *nicht* alternativ zu verstehen, bedeutet also *nicht* "entweder p oder q"),

$p \Longrightarrow q$ die **Implikation** (gelesen: "p impliziert q", "aus p folgt q", "wenn p gilt, so gilt q"),

$p \Longleftrightarrow q$ die **Äquivalenz** von p und q (gelesen: "p ist äquivalent zu q", "p gilt genau dann, wenn q gilt").

Beim Bilden der Negation ist große Sorgfalt geboten.

Beispiel 1.2 Betrachten wir die Sätze
p : Im vorliegenden Buch wird mathematische Logik auf Seite 80 behandelt.

s : Im vorliegenden Buch wird mathematische Logik auf den Seiten 9 - 11 behandelt.

Offensichtlich ist p eine falsche, s eine wahre Aussage. Aber s ist *nicht* gleich $\bar{p}$, sondern $\bar{p}$ lautet:

$\bar{p}$: Im vorliegenden Buch wird mathematische Logik *nicht* auf Seite 80 behandelt.

Beispiel 1.3   Gegeben seien die Aussagen
p : Eine Woche besteht aus 7 Tagen.
q : Ein Jahr besteht aus 13 Monaten.
r : Ein Jahr besteht aus 12 Monaten.
Da p wahr, q falsch und r wahr ist, gilt:
$p \wedge q$ ist falsch, $p \wedge r$ ist wahr, $q \wedge r$ ist falsch,
$p \vee q$ ist wahr, $p \vee r$ ist wahr, $q \vee r$ ist wahr.

Implikation und Äquivalenz spielen in der Mathematik eine fundamentale Rolle. Dort treten sie meist im Zusammenhang mit Variablen auf, z. B. in folgender Form:

$$\text{Für alle reellen Zahlen } x \text{ gilt: Aus } x \geq 3 \text{ folgt } x^2 \geq 9. \tag{1.1}$$

Die von der Variablen x abhängigen Relationen $p(x) : x \geq 3$ und $q(x) : x^2 \geq 9$ sind Beispiele für Aussageformen.

Eine **Aussageform** $p(x)$ wird zu einer Aussage,

- indem man die Variable x durch ein konkretes Objekt ersetzt (z. B. wird aus der Aussageform $p(x) : x \geq 3$ die wahre Aussage $p(4) : 4 \geq 3$ bzw. die falsche Aussage $p(1) : 1 \geq 3$) oder
- indem man die Variable x durch einen Quantor "bindet".

Die wichtigsten **Quantoren** sind

$\forall$: lies "Für alle ... gilt ..."
$\exists$: lies "Es existiert (mindestens) ein ... mit der Eigenschaft ..."

Die Symbole sollen an die Buchstaben A ("Alle") bzw. E ("Existenz") erinnern. Ein weiterer Quantor, für den wir jedoch kein Symbol einführen, ist

"Es existiert genau ein ... mit der Eigenschaft ..."

Beispiel 1.4   Aus der Aussageform $p(x) : x \geq 3$ kann man durch "Binden" der Variablen x z. B. die folgenden Aussagen u und v bilden:
u : $\forall x$ (x: reelle Zahl): $x \geq 3$ ("Für alle reellen Zahlen x gilt $x \geq 3$.")
v : $\exists x$ (x: reelle Zahl): $x \geq 3$ ("Es existiert eine reelle Zahl x mit $x \geq 3$.")

Die Negationen dieser Aussagen sind
$\bar{u}$: $\exists x$ (x: reelle Zahl): $x < 3$,
$\bar{v}$: $\forall x$ (x: reelle Zahl): $x < 3$.

Hier sind u und $\bar{v}$ falsch, $\bar{u}$ und v wahr.

Beispiel 1.5   Die (wahre) Aussage (1.1) können wir nun in folgender Form schreiben:

$$\forall x \, (x : \text{ reelle Zahl}) : x \geq 3 \Longrightarrow x^2 \geq 9. \tag{1.2}$$

Falls klar ist, welchen Bereich die Variable "durchläuft", läßt man dessen Angabe häufig weg. Statt (1.2) schreibt man also kurz

$$\forall x : x \geq 3 \Longrightarrow x^2 \geq 9. \tag{1.3}$$

Gelegentlich verkürzt man dies sogar zu

$$x \geq 3 \Longrightarrow x^2 \geq 9. \tag{1.4}$$

Eine Implikation, die Variable enthält, ist somit – mindestens in Gedanken – durch den Quantor $\forall$ und die Angabe der Variablenbereiche zu ergänzen. Dies ist insbesondere dann wichtig, wenn von einer solchen Aussage die Negation zu bilden ist.

Wir setzen Beispiel 1.5 fort. Bevor man von (1.4) die Negation bilden kann, muß man zu (1.2) übergehen. Die Negation von (1.2) lautet zunächst verbal: "Es existiert eine reelle Zahl x, so daß (zwar) $x \geq 3$, aber nicht $x^2 \geq 9$ gilt." In symbolischer Schreibweise ist also die Negation von (1.2) die (falsche!) Aussage

$$\exists x \, (\, x : \text{reelle Zahl}) : x \geq 3 \wedge x^2 < 9.$$

Wir führen weitere wichtige Sprechweisen ein:

$p \Longrightarrow q$:   "p ist **hinreichend** für q",
        "q ist **notwendig** für p",
$p \Longleftrightarrow q$:   "p ist **notwendig und hinreichend** für q".

Beispiel 1.6 Wir betrachten wieder die wahre Aussage (1.2) oder kurz (1.4): Die Bedingung $x \geq 3$ ist hinreichend für $x^2 \geq 9$. Ebenso gilt: Die Bedingung $x^2 \geq 9$ ist notwendig für $x \geq 3$. (Ist nämlich *nicht* $x^2 \geq 9$, gilt also $x^2 < 9$, so folgt $-3 < x < 3$ und daher *nicht* $x \geq 3$.) Die Bedingung $x \geq 3$ ist jedoch nicht notwendig für $x^2 \geq 9$, denn $x^2 \geq 9$ gilt auch, falls $x \leq -3$ ist. Insgesamt gilt die Äquivalenz

$$[x \geq 3 \vee x \leq -3] \Longleftrightarrow x^2 \geq 9,$$

d. h., die Bedingung "$x \geq 3$ oder $x \leq -3$" ist notwendig und hinreichend für $x^2 \geq 9$.

Beispiel 1.7 In einem kartesischen x, y-Koordinatensystem ist $y = ax + b$ die Gleichung einer Geraden $G(a, b)$ mit dem Anstieg a und dem "y-Abschnitt" b. Es seien a_1, a_2, b_1, b_2 Variable für beliebige reelle Zahlen. Dann gelten u. a. die folgenden Aussagen:

$a_1 = a_2 \Longleftrightarrow G(a_1, b_1)$ und $G(a_2, b_2)$ sind parallel.
$[a_1 = a_2 \wedge b_1 = b_2] \Longleftrightarrow G(a_1, b_1)$ und $G(a_2, b_2)$ sind identisch.
$[a_1 = a_2 \wedge b_1 = 1 \wedge b_2 = 2] \Longrightarrow G(a_1, b_1)$ und $G(a_2, b_2)$ sind parallel, aber nicht identisch.

Die erste Äquivalenz bedeutet: Zwei Geraden (in einer Ebene) sind genau dann parallel, wenn ihre Anstiege gleich sind. Man beachte, daß die Bedingung $a_1 = a_2 \wedge b_1 = 1 \wedge b_2 = 2$ tatsächlich nur hinreichend und nicht auch notwendig dafür ist, daß die Geraden $G(a_1, b_1)$ und $G(a_2, b_2)$ parallel, aber nicht identisch sind: Diese Lage haben die Geraden z. B. auch, wenn die Bedingung $a_1 = a_2 \wedge b_1 = 3 \wedge b_2 = -1$ gilt. (Es sei daran erinnert, daß jede Gerade definitionsgemäß zu sich selbst parallel ist, identische Geraden also auch parallel sind.)

1.2   Grundbegriffe der Mengenlehre

Eine **Menge** ist eine Zusammenfassung von unterscheidbaren Objekten, den **Elementen** der Menge. Dabei muß von jedem beliebigen Objekt feststellbar sein, ob es zur Menge gehört oder nicht.

Man bezeichnet Mengen mit großen, ihre Elemente mit kleinen lateinischen Buchstaben und schreibt

$a \in A$, falls a zur Menge A gehört (lies "a ist Element von A");

$a \notin A$, falls a nicht zur Menge A gehört (lies "a ist kein Element von A");

$A = \emptyset$ (= leere Menge), falls es kein Objekt a mit $a \in A$ gibt.

Mengen werden mit geschweiften Klammern dargestellt, und zwar

- indem man - falls dies möglich ist - ihre Elemente aufzählt, z. B.

$$A = \{a, b, c\},$$

d. h., A besteht aus den Elementen a, b, c und nur diesen,

oder

- durch Angabe der **mengenbildenden Eigenschaft**, z. B.

$$A = \{x| \ x \text{ ist eine reelle Zahl und erfüllt } \ x^2 - 1 = 0\},$$

gelesen: A ist die Menge aller reellen Zahlen mit der Eigenschaft $x^2 - 1 = 0$.

Mengenrelationen

$A \subset B$ (gelesen: A ist **Teilmenge** von B) bedeutet:
$\quad\quad\quad \forall a : a \in A \Longrightarrow a \in B$. Gibt es außerdem ein $b \in B$ mit $b \notin A$, dann heißt A **echte Teilmenge** von B (Bild 1.1).

$A = B$ (gelesen: A **gleich** B) bedeutet:
$\quad\quad\quad A \subset B$ und $B \subset A$, d. h., A und B enthalten genau dieselben Elemente.

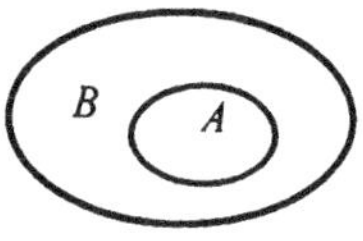

Bild 1.1

Beispiel 1.8

$A = \{x| \ x \text{ ist eine reelle Zahl und erfüllt } x^2 + x - 6 = 0\}$, $B = \{-3, 2\}$, $C = \{-3, 0, 2\}$.
Es gilt: $A = B$, $A \subset C$, $B \subset C$.

Mengenoperationen (Bild 1.2)

$A \cap B$ heißt   **Durchschnittsmenge** von A und B: $A \cap B = \{x| \ x \in A \wedge x \in B\}$.

$A \cup B$ heißt   **Vereinigungsmenge** von A und B : $A \cup B = \{x| \ x \in A \vee x \in B\}$.

$A \setminus B$ heißt   **Differenzmenge** von A und B: $A \setminus B = \{x| \ x \in A \wedge x \notin B\}$.

$A \times B$ heißt   **Produktmenge** von A und B: $A \times B = \{(x, y)| \ x \in A \wedge y \in B\}$.

$\quad\quad\quad\quad$ Das ist die Menge aller **geordneten Paare**, deren "vorderer Partner" aus A, deren "hinterer Partner" aus B stammt. Charakteristisch für geordnete Paare ist die Gleichheitsdefinition; man schreibt
$\quad\quad\quad\quad (x, y) = (\hat{x}, \hat{y}) \Longleftrightarrow x = \hat{x} \wedge y = \hat{y}$.

Bezeichnung: Die Mengen A, B heißen **disjunkt**, falls $A \cap B = \emptyset$.

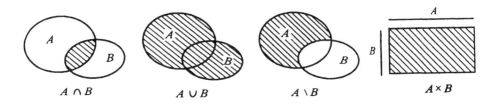

Bild 1.2

Beispiel 1.9 Es seien $A = \{0,2,3,5\}$, $B = \{1,2,3\}$.
Dann ist $A \cap B = \{2,3\}$, $A \cup B = \{0,1,2,3,5\}$, $A \setminus B = \{0,5\}$, $B \setminus A = \{1\}$.

Beispiel 1.10   Es seien $A = \{x|\ x$ ist eine gerade positive Zahl $\}$, $B = \{x|\ x$ ist eine ungerade positive Zahl$\}$. Dann ist $A \cap B = \emptyset$.

Offensichtlich gilt für beliebiges A : $A \cap \emptyset = \emptyset$, $A \cup \emptyset = A$.

Bemerkungen:
1. Beachten Sie den Unterschied zwischen Mengen und geordneten Paaren. So gilt z. B. $\{1,2\} = \{2,1\}$, aber $(1,2) \neq (2,1)$.
2. Beachten Sie die Analogie in der Symbolik und deren Inhalt bei Logik und Mengenlehre.
    Der Negation $\bar{p}$ einer Aussage p entspricht in der Mengenlehre die **Komplementärmenge** $\bar{A}$ zu A bezüglich einer Grundmenge M, die definiert ist als

$$\bar{A} = \{x \in M|\ x \notin A\}.$$

Beispiel 1.11   Es seien $M = \{0,2,4,6,8\}$, $A = \{2,8\}$. Dann ist $\bar{A} = \{0,4,6\}$.

Für die weiteren Kapitel dieses Buches vereinbaren wir noch die folgenden Schreibweisen:

$A := B$ (lies: A ist definitionsgemäß gleich B) und

$p :\Longleftrightarrow q$ (lies: p gilt definitionsgemäß genau dann, wenn q gilt).

Beispiel 1.12   Will man für die Menge der positiven geraden Zahlen das Symbol G^+ einführen, dann schreibt man

$$G^+ := \{x|\ x = 2k, \text{ und } k \text{ ist eine natürliche Zahl größer als } 0\}.$$

Beispiel 1.13   Die Aussage p : "Die Zahl 6 ist gerade" ist definitionsgemäß äquivalent zur Aussage q : "Die Zahl 6 ist durch 2 teilbar"; denn die Geradheit einer Zahl ist über die Teilbarkeit durch 2 definiert. Deshalb kann man schreiben:

$$p :\Longleftrightarrow q.$$

2 Die reellen Zahlen

2.1 Einführung der reellen Zahlen

Die Grundlage allen Rechnens bilden die **reellen Zahlen**. Diese können mathematisch exakt durch ein **Axiomensystem** charakterisiert werden. Darunter versteht man ein System von grundlegenden Eigenschaften, die den "zulässigen Umgang" mit den reellen Zahlen beschreiben (so wie z. B. die Regeln des Fußballspiels den "zulässigen Umgang" mit dem Ball und den anderen Spielern beschreiben). Typisch für ein Axiomensystem ist die Beschränkung auf wenige Grundregeln, aus denen alle anderen Regeln abgeleitet werden können.

Ein Axiomensystem der reellen Zahlen (von vielen möglichen) kann in drei Gruppen von Axiomen gegliedert werden:
1. Axiome der Addition und Multiplikation.
2. Axiome der Anordnung.
3. Vollständigkeitsaxiom.

Wir verzichten darauf, ein formales Axiomensystem aufzuschreiben. Vielmehr wollen wir die drei Gruppen sogleich vom Standpunkt des praktischen Rechnens diskutieren. Zuvor führen wir eine wichtige Bezeichnung ein:

$$\mathbb{R} \; := \text{Menge aller reellen Zahlen.}^{1)}$$

Es bedeutet also $a \in \mathbb{R}$ nichts anderes als "a ist eine reelle Zahl".

Zu 1: Für beliebige $a, b \in \mathbb{R}$ kann man die **Summe** $a + b$ (mit den **Summanden** a und b) und das **Produkt** $a \cdot b$ (mit den **Faktoren** a und b) bilden. Es gilt

$$a \cdot b = 0 \iff a = 0 \lor b = 0. \tag{2.1}$$

Statt $a \cdot b$ schreibt man einfach ab. Addition und Multiplikation sind verknüpft durch das *Distributivgesetz* ("Klammerregel")

$$a(b + c) = ab + ac.$$

Man setzt $a^2 := a \cdot a$, $\quad a^3 := a \cdot a^2$ usw. Auf beliebige Potenzen kommen wir in 4.1 zu sprechen.

Differenz $a - b$ und **Quotient (Bruch)** $\dfrac{a}{b}$ werden auf Summe bzw. Produkt zurückgeführt:

$$\begin{aligned}
a - b &= x &:&\iff& a &= b + x, \\
\frac{a}{b} &= x &:&\iff& a &= b \cdot x, \quad \text{falls } b \neq 0.
\end{aligned} \tag{2.2}$$

$^{1)}$ Die Verwendung des Symbols $\mathbb{R}$ (im Unterschied zum "normalen" R) hat sich als Standardbezeichnung dieser wichtigen Menge in der Mathematik eingebürgert.

Statt $0 - b$ schreibt man kurz $-b$. Man beachte, daß gemäß (2.2) der Quotient $\frac{a}{b}$ nur für $b \neq 0$ definiert ist.

Beispiel 2.1 Der Term $\frac{a-3}{a \cdot (a+2)}$, wobei $a \in \mathbb{R}$, ist genau dann definiert, wenn $a \cdot (a+2) \neq 0$ ist, wegen (2.1) also genau dann, wenn $a \neq 0$ und $a + 2 \neq 0$ ist, d. h. für alle reellen Zahlen a mit $a \neq 0$ und $a \neq -2$.

Statt $\frac{a}{b}$ schreibt man auch a/b oder $a : b$. Man nennt a **Zähler** und b **Nenner** des Bruches. Das Rechnen mit Brüchen wiederholen wir in den folgenden Beispielen:

Beispiel 2.2

a) $\dfrac{3}{5} + \dfrac{4}{7} = \dfrac{3 \cdot 7}{5 \cdot 7} + \dfrac{4 \cdot 5}{7 \cdot 5} = \dfrac{21}{35} + \dfrac{20}{35} = \dfrac{41}{35}$,

b) $\dfrac{1}{6} - \dfrac{4}{9} = \dfrac{1 \cdot 3}{6 \cdot 3} - \dfrac{4 \cdot 2}{9 \cdot 2} = \dfrac{3}{18} - \dfrac{8}{18} = -\dfrac{5}{18}$,

c) $\dfrac{b}{a-b} - \dfrac{b}{a} = \dfrac{b \cdot a}{(a-b) \cdot a} - \dfrac{b \cdot (a-b)}{(a-b) \cdot a} = \dfrac{b \cdot a - b \cdot a + b^2}{(a-b) \cdot a} = \dfrac{b^2}{(a-b) \cdot a}$.

Hierbei sind a, b reelle Zahlen mit $a \neq 0$ und $b \neq a$.

Um die Summe von Brüchen zu vereinfachen, muß also ein gemeinsamer Nenner ("Hauptnenner") gefunden werden; hierzu werden Zähler und Nenner jedes Bruches mit einer geeigneten Zahl multipliziert ("erweitert"). Als Hauptnenner kann stets das Produkt der einzelnen Nenner gewählt werden. Einfacher ist die Multiplikation von Brüchen:

Beispiel 2.3

$$\frac{1}{6} \cdot \left(-\frac{4}{9}\right) = \frac{1 \cdot (-4)}{6 \cdot 9} = -\frac{4}{54} = -\frac{2 \cdot 2}{2 \cdot 27} = -\frac{2}{27}.$$

Zuletzt wurde durch einen gemeinsamen Faktor von Zähler und Nenner dividiert ("gekürzt").

Zu 2: Für je zwei reelle Zahlen a, b gilt entweder die **Relation** $a < b$ ("a ist kleiner als b") oder $a > b$ ("a ist größer als b") oder $a = b$. Man nennt a **positiv**, falls $a > 0$, und **negativ**, falls $a < 0$. Es gelten die folgenden Regeln (hierbei sind $a, b, c \in \mathbb{R}$):

$$a < b \Longrightarrow a + c < b + c, \tag{2.3}$$

$$a < b \Longrightarrow \begin{cases} a \cdot c < b \cdot c, & \text{falls} \quad c > 0, \\ a \cdot c > b \cdot c, & \text{falls} \quad c < 0. \end{cases} \tag{2.4}$$

Besonders zu beachten ist die letzte Zeile: Bei Multiplikation mit einer negativen Zahl "kehrt sich das Relationszeichen um". Speziell gilt: $a < 0 \Longrightarrow -a > 0$.

Wir vereinbaren noch zwei Kurzschreibweisen:

$$a \leq b \quad :\Longleftrightarrow \quad a < b \vee a = b,$$

$$a < x < b \quad :\Longleftrightarrow \quad a < x \wedge x < b.$$

Analog sind $a \geq b$, $a \leq x < b$ usw. zu verstehen. Zum Beispiel gilt $1 < 2$, aber auch $1 \leq 2$ und $1 \leq 1$, jedoch *nicht* $1 < 1$. Relationen der Form $a < b$, $a \leq b$ usw. heißen **Ungleichungen**.

Beispiel 2.4   Gesucht sind alle $x \in \mathbb{R}$, die der Ungleichung

$$-3x - 7 < x + 1 \tag{2.5}$$

genügen. Indem man auf beiden Seiten von (2.5) x subtrahiert und 7 addiert, d. h. (2.3) mit $c := -x + 7$ anwendet, erhält man

$$(-3x - 7) + (-x + 7) < (x + 1) + (-x + 7), \text{ also } -4x < 8,$$

und daraus folgt nach (2.4) mit $c := -\frac{1}{4} < 0$ schließlich $x > -\frac{8}{4}$, also $x > -2$.
Umformungen, die nur die Regeln (2.3) und (2.4) verwenden, sind äquivalente Umformungen. Daher ist

$$\{x \in \mathbb{R} | -3x - 7 < x + 1\} = \{x \in \mathbb{R} | \ x > -2\},$$

d. h., die Lösungsmenge der Ungleichung (2.5) ist die Menge aller reellen Zahlen, die größer als -2 sind.

Beispiel 2.5   Gesucht sind alle $a \in \mathbb{R}$, die die Ungleichung

$$\frac{a - 1}{a + 3} < 2 \tag{2.6}$$

erfüllen. Um die Ungleichung mit $a + 3$ "durchmultiplizieren" zu können, müssen wir gemäß (2.4) die Fälle $a + 3 > 0$ und $a + 3 < 0$ unterscheiden (im Fall $a + 3 = 0$ hat (2.6) keinen Sinn).

Fall 1:   Es sei $a + 3 > 0$, also $a > -3$. Dann gilt

$$\frac{a - 1}{a + 3} < 2 \Longleftrightarrow a - 1 < 2(a + 3) \Longleftrightarrow -7 < a.$$

Da die letzte Ungleichung für jedes betrachtete a, nämlich $a > -3$, gilt, ist (2.6) für jedes $a > -3$ erfüllt.

Fall 2:   Es sei $a + 3 < 0$, also $a < -3$. Dann gilt

$$\frac{a - 1}{a + 3} < 2 \Longleftrightarrow a - 1 > 2(a + 3) \Longleftrightarrow a < -7.$$

Von den jetzt betrachteten a genügen nur die $a < -7$ der Ungleichung (2.6).

Insgesamt erhalten wir: $\frac{a - 1}{a + 3} < 2 \Longleftrightarrow a > -3$ oder $a < -7$ bzw. in Mengenschreibweise

$$\left\{a \in \mathbb{R} | \ \frac{a - 1}{a + 3} < 2\right\} = \{a \in \mathbb{R} | \ a > -3\} \cup \{a \in \mathbb{R} | \ a < -7\}.$$

Wir kommen zu wichtigen Teilmengen der Menge $\mathbb{R}$ aller reellen Zahlen. Wir setzen

$\boxed{\mathbb{N} := \text{Menge aller } \textbf{natürlichen Zahlen.}}$

Dieser Menge liegt folgender Gedanke zugrunde: Wenn man, mit 0 beginnend, "immer um 1 weiterzählt", so erfaßt man schließlich jede natürliche Zahl. (In 2.3, Bemerkung 2.2, werden wir dies präzisieren.) Der Größe nach geordnet sind 0, 1, 2 die ersten drei Elemente von $\mathbb{N}$. Es ist lediglich eine Frage der Vereinbarung, daß wir die Zahl 0 zu den natürlichen Zahlen rechnen.

Die Zahlen n und $-n$, wobei n die Menge $\mathbb{N}$ durchläuft, heißen **ganze Zahlen**. Die durch 2 ohne Rest teilbaren ganzen Zahlen heißen **gerade**, die übrigen **ungerade**. Zum Beispiel sind $0, -4, 526$ gerade ganze Zahlen und $1, -45, 97$ ungerade ganze Zahlen. Man kann jede gerade ganze Zahl in der Form $2k$ und jede ungerade ganze Zahl in der Form $2k + 1$ darstellen; hierbei ist k eine ganze Zahl.

Zahlen der Form p/q, wobei p und q ganze Zahlen mit $q \neq 0$ sind, heißen **rationale Zahlen**. Zum Beispiel sind $\frac{1}{3}, -\frac{17}{9}, \frac{6}{41}$ rationale Zahlen. Wegen $p = \frac{p}{1}$ ist jede ganze Zahl auch eine rationale Zahl.

<u>Zu 3:</u> Reelle Zahlen können als Punkte einer Geraden g, die dann **Zahlengerade** heißt, veranschaulicht werden: Zwei beliebig gewählten Punkten von g ordnet man die Zahlen 0 und 1 zu. Jeder rationalen Zahl kann man dann in naheliegender Weise (Bild 2.1) eindeutig einen Punkt von g zuordnen.

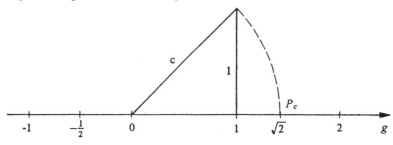

Bild 2.1

Zugleich deutet Bild 2.1 die Konstruktion eines Punktes P_c auf g an, dem keine *rationale* Zahl zugeordnet ist: Die Länge c der Diagonale des Einheitsquadrates genügt nämlich der Gleichung $c^2 = 1^2 + 1^2$ (Satz des Pythagoras, s. Kap. 6), also $c^2 = 2$, und deren Lösungen sind – wie man zeigen kann – keine rationalen Zahlen.

Das Vollständigkeitsaxiom stellt nun sicher, daß *jedem* Punkt der Zahlengeraden genau eine reelle Zahl entspricht. Unter den reellen Zahlen befinden sich also auch solche, die nicht rational sind; diese nennt man **irrational**. Zum Beispiel entspricht dem oben konstruierten Punkt P_c auf g eine irrationale Zahl. Diese Zahl, nämlich die positive Lösung der Gleichung $c^2 = 2$, wird mit $\sqrt{2}$ bezeichnet. (Auf Wurzeln allgemein kommen wir weiter unten zu sprechen.)

* **Bemerkung 2.1** Wir wollen auf das Vollständigkeitsaxiom genauer eingehen. Eine nichtleere Teilmenge M von $\mathbb{R}$ heißt **nach oben beschränkt,** wenn es eine Zahl $s \in \mathbb{R}$ gibt, so
daß für alle $x \in M$ die Ungleichung $x \le s$ gilt. Jede solche Zahl s heißt **obere Schranke**
von M, und die kleinste obere Schranke von M heißt **Supremum** von M, in Zeichen: $\sup M$
(Bild 2.2). E i n e Formulierung des Vollständigkeitsaxioms lautet nun so:
Jede nach oben beschränkte nichtleere Teilmenge M von $\mathbb{R}$ besitzt ein Supremum in $\mathbb{R}$.

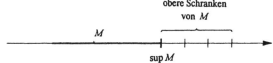

Bild 2.2

Die zum oben konstruierten Punkt P_c gehörige reelle Zahl gewinnt man durch Betrachtung
der Menge $M := \{x \in \mathbb{R} \mid x^2 \le 2\}$. Diese Menge ist nichtleer (z. B. ist $1 \in M$) und nach
oben beschränkt (z. B. ist $s = 2$ eine obere Schranke von M). Daher existiert die reelle Zahl
$\sup M =: c$. Man kann nun zeigen, daß $c^2 = 2$ und somit $\sup M = c = \sqrt{2}$ ist.

Schließlich stellen wir Bezeichnungen für verschiedene Arten von **Intervallen** bereit;
hierbei seien a und b reelle Zahlen mit $a \le b$:

$$(a, b) := \{x \in \mathbb{R} \mid a < x < b\} : \text{offenes Intervall,}$$
$$(a, b] := \{x \in \mathbb{R} \mid a < x \le b\} : \text{linksoffenes Intervall,}$$
$$[a, b) := \{x \in \mathbb{R} \mid a \le x < b\} : \text{rechtsoffenes Intervall,}$$
$$[a, b] := \{x \in \mathbb{R} \mid a \le x \le b\} : \text{abgeschlossenes Intervall.}$$

Diese Intervalle unterscheiden sich in der Zugehörigkeit der Randpunkte a, b. Zum
Beispiel enthält das Intervall $[a, b)$ den linken Randpunkt a, aber nicht den rechten
Randpunkt b (Bild 2.3). So bezeichnet etwa $[-1, 2)$ die Menge aller reellen Zahlen x,
für die $-1 \le x < 2$ gilt.
Mit (a, b) bezeichnen wir sowohl ein offenes Intervall als auch ein geordnetes Paar (s.
Kapitel 1). Aus dem Zusammenhang wird jedoch stets hervorgehen, was gemeint ist.
Mitunter schreibt man statt (a, b) auch $]a, b[$.

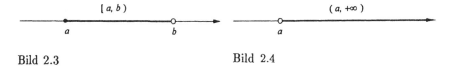

Bild 2.3   Bild 2.4

Weiter betrachten wir die unbeschränkten Intervalle (Bild 2.4)

$$(a, +\infty) := \{x \in \mathbb{R} \mid a < x\}, \quad [a, +\infty) := \{x \in \mathbb{R} \mid a \le x\},$$
$$(-\infty, b) := \{x \in \mathbb{R} \mid x < b\}, \quad (-\infty, b] := \{x \in \mathbb{R} \mid x \le b\}.$$

Die Symbole $+\infty$ (lies "plus unendlich") und $-\infty$ (lies "minus unendlich") sind keine
reellen Zahlen.

2.2 Zifferndarstellung reeller Zahlen

Wir behandeln nun eine für das praktische Rechnen wichtige Darstellung der reellen Zahlen.

Gegeben sei eine positive reelle Zahl a. Wir ermitteln die größte ganze Zahl z_0, die kleiner oder gleich a ist. Dann gilt $z_0 \leq a < z_0 + 1$. Nun teilen wir das Intervall $[z_0, z_0 + 1)$ in 10 gleichlange rechtsoffene Teilintervalle. Davon enthält genau eines die Zahl a, d. h., es gibt eine ganze Zahl z_1 zwischen 0 und 9, so daß gilt

$$z_0 + \frac{z_1}{10} \leq a < z_0 + \frac{z_1 + 1}{10} \quad \text{(Bild 2.5)}. \tag{2.7a}$$

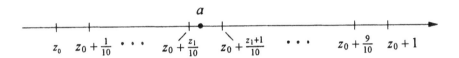

Bild 2.5

Nun wird das Intervall $\left[z_0 + \frac{z_1}{10}, z_0 + \frac{z_1+1}{10}\right)$ in 10 gleichlange rechtsoffene Teilintervalle zerlegt. Wie eben findet man eine ganze Zahl z_2, so daß gilt

$$z_0 + \frac{z_1}{10} + \frac{z_2}{10^2} \leq a < z_0 + \frac{z_1}{10} + \frac{z_2 + 1}{10^2} \quad \text{usw.} \tag{2.7b}$$

Hierfür schreibt man kurz

$$a = z_0, z_1 z_2 \ldots$$

und nennt die rechte Seite **Dezimalbruchdarstellung** der positiven reellen Zahl a. Die Zahlen $z_i \in \{0, 1, \ldots, 9\}$, wobei $i = 1, 2, \ldots$, heißen **Ziffern**. Im Falle $a < 0$ wendet man die obige Konstruktion auf $-a$ an und erhält $-a = z_0, z_1 z_2 \ldots$ Dafür schreibt man $a = -z_0, z_1 z_2 \ldots$ Ist umgekehrt ein Dezimalbruch $z_0, z_1 z_2 \ldots$ gegeben, so gibt es genau eine reelle Zahl a, die allen Ungleichungen der Form (2.7a), (2.7b) usw. genügt.

Beispiel 2.6   a) Die Dezimalbruchdarstellung $a = 35,704\ldots$ bedeutet

$$35 + \frac{7}{10} + \frac{0}{10^2} + \frac{4}{10^3} \leq a < 35 + \frac{7}{10} + \frac{0}{10^2} + \frac{5}{10^3}.$$

Die drei Punkte in der Darstellung deuten an, daß weitere Ziffern folgen, die evtl. nicht bekannt sind.
b) Es gilt $-\frac{1}{4} = -0,2500\ldots$, wobei alle weiteren Ziffern 0 sind. In diesem Falle sagt man, der Dezimalbruch sei **endlich** und schreibt einfach $-\frac{1}{4} = -0,25$.
c) In der Darstellung $a = 0,7272\ldots$ wiederhole sich ständig die Ziffernfolge 72. Man sagt,

der Dezimalbruch sei **periodisch** und schreibt gelegentlich $a = 0,\overline{72}$. Hieraus kann man a als "gewöhnlichen" Bruch ermitteln:

$$100a - a = 72,\overline{72} - 0,\overline{72} = 72 \implies a = \frac{72}{99} = \frac{8}{11}.$$

In Verallgemeinerung dieser Beispiele gilt:

Jede reelle Zahl a ist als Dezimalbruch darstellbar. Dieser ist genau dann endlich oder periodisch, wenn die Zahl a rational ist.

Da numerische Rechnungen – auch im Computer – nur mit einer gewissen Anzahl von Stellen durchgeführt werden können, wird der Dezimalbruch $z_0, z_1 z_2 \ldots z_k z_{k+1} \ldots$ nach den folgenden Regeln auf k Stellen nach dem Komma *gerundet:*

- Ist $z_{k+1} \leq 4$, so werden z_{k+1} und alle folgenden Ziffern weggelassen (**Abrunden**).

- Ist $z_{k+1} \geq 5$, so wird z_k um 1 erhöht, z_{k+1} und alle folgenden Ziffern werden weggelassen (**Aufrunden**).

Beispiel 2.7   Für die irrationale Zahl $\sqrt{2} = 1,4142135\ldots$ erhält man $\sqrt{2} = 1,414214$ (Runden auf 6 Stellen) bzw. $\sqrt{2} = 1,4142$ (Runden auf 4 Stellen).

Genau genommen, dürfte zwischen dem exakten Wert $\sqrt{2}$ und dem gerundeten Wert, der ja nur ein Näherungswert ist, nicht das Gleichheitszeichen stehen. In numerischen Rechnungen ist diese Schreibweise jedoch üblich.

Beim Aufrunden kann es zu einem "Überlaufen" der Ziffern kommen.

Beispiel 2.8   Die Rundung von $a = 8,31597\ldots$ auf 4 Stellen nach dem Komma ergibt $a = 8,3160$.

Der Dezimalbruchdarstellung einer positiven Zahl a liegt die fortlaufende Teilung eines Intervalls in 10 gleichlange Teilintervalle zugrunde. Statt der Grundzahl $g = 10$ kann man auch jede andere natürliche Zahl $g \geq 2$ zugrundelegen: Man teilt jeweils in g gleichlange rechtsoffene Teilintervalle. Hierdurch erhält man die **g-adische Darstellung** von a, die man z. B. in der Form

$$a = z_0, z_1 z_2 \ldots |_g$$

schreibt, womit die Einschließung

$$z_0 + \frac{z_1}{g} + \frac{z_2}{g^2} \leq a < z_0 + \frac{z_1}{g} + \frac{z_2 + 1}{g^2}$$

gemeint ist. Die Ziffern z_i $(i = 1, 2, \ldots)$ sind hierbei in der Menge $\{0, 1, \ldots, g - 1\}$ enthalten. Speziell für $g = 2$ ergibt sich die **dyadische Darstellung** oder **Dualzahldarstellung,** die in vielen Computern intern verwendet wird.

Beispiel 2.9   Es gilt

$$\left(\frac{5}{16} =\right) 0 + \frac{0}{2} + \frac{1}{2^2} + \frac{0}{2^3} + \frac{1}{2^4} \;\le\; \frac{1}{3} \;<\; 0 + \frac{0}{2} + \frac{1}{2^2} + \frac{1}{2^3} \left(= \frac{6}{16}\right),$$

und daher hat man die dyadische Darstellung $\frac{1}{3} = 0,0101\ldots|_2$. Diese Darstellung ist periodisch, d. h., es gilt $\frac{1}{3} = 0,\overline{01}|_2$.

2.3 Beweis durch Induktion, Definition durch Rekursion

Wir behandeln zwei wichtige Methoden, die sich aus charakteristischen Eigenschaften der Menge $\mathbb{N}$ ergeben.

Beweis durch (vollständige) Induktion

Es soll eine Aussage folgender Art bewiesen werden:

> Für jede natürliche Zahl $n \ge n_0$ gilt $A(n)$.   (∗)

Hierbei steht $A(n)$ für eine von n abhängige Relation, z. B. für die Gleichung

$$1 + 2 + \ldots + n = \frac{n(n+1)}{2}, \tag{2.8}$$

und n_0 ist eine gegebene natürliche Zahl. Der **Beweis durch Induktion** besteht in zwei Schritten.

a)   Man zeigt, daß $A(n_0)$ gilt (**Induktionsanfang**).

b)   Für beliebiges $n \ge n_0$ setzt man die Gültigkeit von $A(n)$ voraus und schließt daraus auf die Gültigkeit von $A(n+1)$ (**Schluß von n auf $n+1$**).

Hat man a) und b) gezeigt, dann ist (∗) bewiesen. (Das wird in Bemerkung 2.2 begründet.)

Beispiel 2.10   Wir wollen beweisen, daß für jedes $n \in \mathbb{N}$, $n \ge 1$, die Gleichung (2.8) gilt. Hier ist also $n_0 = 1$, so daß folgender Induktionsbeweis zu führen ist.

a')   Es gilt (2.8) für $n = 1$, denn es ist $1 = \frac{1 \cdot 2}{2}$.

b')   Für beliebiges $n \in \mathbb{N}$, $n \ge 1$, setzen wir die Gültigkeit von (2.8) voraus und haben zu zeigen, daß die entsprechende Gleichung mit $n+1$ statt n gilt, also die Gleichung

$$1 + 2 + \ldots + n + (n+1) = \frac{(n+1)(n+2)}{2}$$

richtig ist. Diese erhalten wir unmittelbar mit (2.8):

$$1 + 2 + \ldots + n + (n+1) = \frac{n(n+1)}{2} + (n+1)$$

$$= \frac{n(n+1) + 2(n+1)}{2} = \frac{(n+1)(n+2)}{2}.$$

Definition durch Rekursion

Der (von n abhängige) Term $T(n)$ ist für jedes $n \in \mathbb{N}, n \ge n_0$, definiert, wenn gilt:

α) $T(n_0)$ ist definiert.
β) Für jedes $n \geq n_0$ ist $T(n+1)$ mittels $T(n)$ definiert.

Beispiel 2.11   Die n-te **Potenz** a^n der reellen Zahl a ist für jedes $n \in \mathbb{N}$ definiert durch

$$\alpha') \quad a^0 := 1, \qquad \beta') \quad a^{n+1} := a^n \cdot a \quad \text{für jedes } n \in \mathbb{N}.$$

(Hier ist der Term $T(n)$ also a^n, und es ist $n_0 = 0$.) Nach α') und β') gilt zum Beispiel

$$a^4 = a^3 \cdot a = a^2 \cdot a \cdot a = a^1 \cdot a \cdot a \cdot a = a^0 \cdot a \cdot a \cdot a \cdot a = 1 \cdot a \cdot a \cdot a \cdot a = a \cdot a \cdot a \cdot a.$$

* Bemerkung 2.2 Wir tragen eine formale Definition der Menge $\mathbb{N}$ der natürlichen Zahlen nach: Sie ist die kleinste Teilmenge M von $\mathbb{R}$ mit den beiden folgenden Eigenschaften:

$$\overline{\alpha}) \quad 0 \in M, \qquad \overline{\beta}) \quad x \in M \Longrightarrow x + 1 \in M.$$

Hieraus folgt unmittelbar das **Induktionsprinzip**: Ist M eine Teilmenge von $\mathbb{N}$ (!) mit den Eigenschaften $\overline{\alpha}$) und $\overline{\beta}$), so gilt $M = \mathbb{N}$.
Nun können wir die Methode des Beweises durch Induktion begründen. Die Aussage (*) soll bewiesen werden. Hat man die Induktionsschritte a) und b) ausgeführt, so hat die Menge

$$M := \{n \in \mathbb{N} \mid \ A(n + n_0) \text{ gilt}\}$$

die Eigenschaften $\overline{\alpha}$) und $\overline{\beta}$). Nach dem Induktionsprinzip ist daher $M = \mathbb{N}$. Das bedeutet aber gerade, daß die Aussage (*) gilt, denn es gilt $A(n + n_0)$ für alle $n \in \mathbb{N}$ und daher $A(n)$ für alle $n \in \mathbb{N}$, $n \geq n_0$.
Analog kann man die Definition durch Rekursion mit dem Induktionsprinzip begründen.

2.4 Ergänzungen

Ist a eine reelle Zahl, so heißt

$$|a| := \begin{cases} a, & \text{falls} \quad a \geq 0, \\ -a, & \text{falls} \quad a < 0 \end{cases} \tag{2.9}$$

Betrag von a. Zum Beispiel ist $\left|\frac{5}{7}\right| = \frac{5}{7}$ und $|-3| = 3$. Stets ist $|a| \geq 0$. Für beliebige reelle Zahlen a, b ist $|a - b|$ der **Abstand** der zugehörigen Punkte auf der Zahlengeraden (Bild 2.6). Sind reelle Zahlen x_0 und $\varepsilon > 0$ gegeben, so gilt
$|x - x_0| < \varepsilon \Longleftrightarrow x_0 - \varepsilon < x < x_0 + \varepsilon$, d. h.
$\{x \in \mathbb{R} \mid |x - x_0| < \varepsilon\} = (x_0 - \varepsilon, \quad x_0 + \varepsilon)$ (Bild 2.7).

Bild 2.6   Bild 2.7

Für beliebige $a, b \in \mathbb{R}$ gilt die **Dreiecksungleichung**

$$|a + b| \leq |a| + |b|. \qquad (2.10)$$

Beispiel 2.12   Gesucht sind alle $x \in \mathbb{R}$, die der Ungleichung

$$|x + 1| < 2x \qquad (2.11)$$

genügen. Gemäß (2.9) gilt

$$|x + 1| = \begin{cases} x + 1, & \text{falls } x \geq -1, \\ -(x + 1), & \text{falls } x < -1, \end{cases}$$

so daß zwei Fälle zu unterscheiden sind:

1. Ist $x \geq -1$, so gilt: $(2.11) \Longleftrightarrow x + 1 < 2x \Longleftrightarrow x > 1$.

2. Ist $x < -1$, so gilt: $(2.11) \Longleftrightarrow -(x + 1) < 2x \Longleftrightarrow x > -\frac{1}{3}$. Für kein $x < -1$ gilt aber $x > -\frac{1}{3}$, so daß dieser Fall keine Lösungen der Ungleichung liefert.

Insgesamt gilt daher $(2.11) \Longleftrightarrow x > 1$, d. h. $\{x \in \mathbb{R}| \ |x + 1| < 2x\} = (1, +\infty)$.

Die Summe der reellen Zahlen $a_m, a_{m+1}, \ldots, a_n$ (wobei $m \leq n$) bezeichnet man mit

$$\sum_{i=m}^{n} a_i := a_m + a_{m+1} + \ldots + a_n.$$

Man liest die linke Seite "Summe der a_i für i von m bis n". Statt mit i kann der Summationsindex auch mit einem anderen Buchstaben bezeichnet werden.

Beispiel 2.13   a) Es gilt

$$\sum_{i=1}^{5} i^2 = \sum_{k=1}^{5} k^2 = 1 + 2^2 + 3^2 + 4^2 + 5^2 = 55.$$

b) Nach (2.8) ist $\sum_{\nu=1}^{n} \nu = \dfrac{n(n + 1)}{2}$ für jedes $n \in \mathbb{N}$.

Man definiert $n!$ (lies "n **Fakultät**") rekursiv durch $0! := 1$ und $(n + 1)! := n!(n + 1)$ für $n \in \mathbb{N}$. Hiermit gilt

$$n! = 1 \cdot 2 \ldots (n - 1) \cdot n \quad \text{für } n \in \mathbb{N}, \quad 0! = 1.$$

Zum Beispiel ist $5! = 1 \cdot 2 \cdot 3 \cdot 4 \cdot 5 = 120$ und $10! = 3\,628\,800$. Die Fakultäten wachsen mit zunehmendem n sehr schnell.

Der **Binomialkoeffizient** $\begin{pmatrix} \alpha \\ k \end{pmatrix}$ (lies "α über k") ist definiert durch

$$\begin{pmatrix} \alpha \\ k \end{pmatrix} := \frac{\alpha(\alpha-1)\ldots(\alpha-k+1)}{1\cdot 2\ldots k} = \frac{\alpha(\alpha-1)\ldots(\alpha-k+1)}{k!}$$

$$\text{für} \quad \alpha \in \mathbb{R},\, k \in \mathbb{N},\, k \neq 0; \qquad \begin{pmatrix} \alpha \\ 0 \end{pmatrix} := 1 \quad \text{für} \quad \alpha \in \mathbb{R}.$$

Im Zähler des Bruches stehen, wie im Nenner, k Faktoren. Es ist z. B.

$$\begin{pmatrix} 9 \\ 4 \end{pmatrix} = \frac{9\cdot 8\cdot 7\cdot 6}{1\cdot 2\cdot 3\cdot 4} = 126, \qquad \begin{pmatrix} -\frac{1}{2} \\ 3 \end{pmatrix} = \frac{\left(-\frac{1}{2}\right)\cdot\left(-\frac{3}{2}\right)\cdot\left(-\frac{5}{2}\right)}{1\cdot 2\cdot 3} = -\frac{5}{16}.$$

Durch Ausrechnen beider Seiten bestätigt man leicht die Formel

$$\begin{pmatrix} \alpha \\ k \end{pmatrix} + \begin{pmatrix} \alpha \\ k+1 \end{pmatrix} = \begin{pmatrix} \alpha+1 \\ k+1 \end{pmatrix} \text{ für } \alpha \in \mathbb{R};\, k \in \mathbb{N}. \tag{2.12}$$

Hierauf beruht die Berechnung der Binomialkoeffizienten für $\alpha \in \mathbb{N}$ mit dem **Pascalschen Dreieck** (Blaise Pascal, 1623 - 1662):

$$
\begin{array}{ccccccc}
& & & 1 & & & & \begin{pmatrix} 0 \\ 0 \end{pmatrix} \\
& & 1 & & 1 & & & \begin{pmatrix} 1 \\ k \end{pmatrix} \text{ für } k=0,1 \\
& 1 & & 2 & & 1 & & \begin{pmatrix} 2 \\ k \end{pmatrix} \text{ für } k=0,1,2 \\
\boxed{1} & & \boxed{3} & & 3 & & 1 & \begin{pmatrix} 3 \\ k \end{pmatrix} \text{ für } k=0,1,2,3 \\
1 & \boxed{4} & & 6 & & 4 & & 1 \quad \begin{pmatrix} 4 \\ k \end{pmatrix} \text{ für } k=0,1,2,3,4
\end{array}
$$

Nach (2.12) ist z. B.

$$\begin{pmatrix} 3 \\ 0 \end{pmatrix} + \begin{pmatrix} 3 \\ 1 \end{pmatrix} = \begin{pmatrix} 4 \\ 1 \end{pmatrix}, \quad \text{also} \quad \boxed{1} + \boxed{3} = \boxed{4}.$$

Mittels (2.12) und vollständiger Induktion beweist man die **binomische Formel**

$$(a+b)^n = \sum_{k=0}^{n} \binom{n}{k} a^{n-k} b^k \quad \text{für } a, b, \in \mathbb{R};\ n \in \mathbb{N}. \tag{2.13}$$

Spezialfälle sind

$$(a+b)^2 = \binom{2}{0} a^2 b^0 + \binom{2}{1} a^1 b^1 + \binom{2}{2} a^0 b^2 = a^2 + 2ab + b^2, \tag{2.14}$$

$$(a+b)^3 = a^3 + 3a^2 b + 3ab^2 + b^3.$$

Hierbei wurde u. a. die Definition $a^0 = 1$ (Beispiel 2.11) angewendet. Mit $-b$ statt b erhält man aus der letzten Formel

$$(a-b)^3 = [a + (-b)]^3 = a^3 + 3a^2(-b) + 3a(-b)^2 + (-b)^3,$$

also

$$(a-b)^3 = a^3 - 3a^2 b + 3ab^2 - b^3.$$

Wir fügen eine verwandte und häufig verwendete Formel hinzu, die man sofort durch Ausmultiplizieren bestätigt:

$$(a+b)(a-b) = a^2 - b^2 \quad \text{für} \quad a, b \in \mathbb{R}. \tag{2.15}$$

3 Funktionen einer reellen Variablen

3.1 Definition und Darstellung

Wird jedem Element x einer Menge D *eindeutig* ein Element y einer Menge E zugeordnet, so heißt diese Zuordnungsvorschrift **Funktion**.
Wird die Funktion mit f bezeichnet, so schreibt man

$$f : y = f(x), \; x \in D.$$

Hierbei heißen
- x **unabhängige Variable**,
- y **abhängige Variable**,
- D **Definitionsbereich** und
- $W = \{f(x)|x \in D\} \subset E$ **Wertebereich** der Funktion f.

In der Gleichung $y = f(x)$ bedeutet f die Vorschrift, die - auf x angewendet - zu y führt. Ein für die unabhängige Variable x eingesetztes konkretes Element von D heißt **Argument** (oder **Urbild**), das zugeordnete Element $y = f(x)$ heißt **Funktionswert** (oder **Bild**).
Schließlich schreibt man

$$f : D \to E$$

und sagt, "f bildet D nach E ab", wenn f irgendeine Funktion mit dem Definitionsbereich D und einem Wertebereich W in E ist. Sind insbesondere D und E Mengen reeller Zahlen, so heißt $f : D \to E$ **reelle Funktion einer reellen Variablen**.
Die Eindeutigkeitseigenschaft der Funktion f bedeutet, daß aus $f(x_1) \neq f(x_2)$ stets $x_1 \neq x_2$ folgt. Funktionen, bei denen *außerdem* noch aus $x_1 \neq x_2$ stets $f(x_1) \neq f(x_2)$ folgt, heißen **injektiv** (oder **eineindeutig**).

Beispiel 3.1

    a) Es sei D die Menge aller in Deutschland zugelassenen Autos. Für jedes $x \in D$ sei $f(x)$ das polizeiliche Kennzeichen von x. Hierdurch ist eine Funktion f auf D (verbal) definiert, denn jedes Auto $x \in D$ hat - sieht man von kriminellen Manipulationen ab - genau ein Kennzeichen.

    b) Sei D die Menge aller Privatpersonen in Deutschland, die (mindestens) ein Auto besitzen. Ordnet man jedem Autobesitzer $x \in D$ ein ihm gehörendes Auto zu, so ist dies *keine* Funktion, denn es gibt Personen $x \in D$, die mehrere Autos besitzen.

Beispiel 3.2 Die täglichen Messungen der Pegelstände der Elbe in Dresden ergaben für die Zeit vom 16.04.1995 bis 23.04.1995 folgende Tabelle:

Datum (1995)	16.4.	17.4.	18.4.	19.4.	20.4.	21.4.	22.4.	23.4.
Pegelstand in cm	319	330	360	372	413	413	403	369

Die unabhängige Variable x ist hier das Datum der Messung, die abhängige Variable y der Pegelstand der Elbe.

Beispiel 3.3 Durch

$$f : \quad y = 2x + 1, \quad x \in [-1, +\infty) \tag{3.1}$$

ist eine reelle Funktion einer reellen Variablen erklärt. Dabei ist $D = [-1, +\infty)$, d. h. es ist $f : [-1, +\infty) \to \mathbb{R}$. Aus $x \geq -1$ folgt unmittelbar $2x + 1 \geq -1$. Für jedes $x \geq -1$ gilt $y = f(x) = 2x + 1$; somit gehört speziell zum Argument $x = 3$ der Funktionswert $y = f(3) = 2 \cdot 3 + 1 = 7$.
Statt (3.1) schreibt man auch

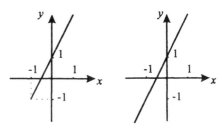

$$f(x) = 2x + 1, \quad x \in [-1, +\infty)$$
oder $\quad f(x) = 2x + 1, \quad x \geq -1.$

Bild 3.1a   Bild 3.1b

Es gibt vielfältige Möglichkeiten, Funktionen zu beschreiben. Eine Funktion kann dargestellt werden
- in verbaler Form (vgl. Beispiel 3.1a),
- in tabellarischer Form (vgl. Beispiel 3.2),
- in analytischer Form, d. h. durch eine Gleichung $y = f(x)$ (vgl. Beispiel 3.3).
Man beachte, daß in allen Fällen auch immer der Definitionsbereich D anzugeben ist.

Im folgenden werden wir fast ausschließlich in analytischer Form dargestellte reelle Funktionen einer reellen Variablen betrachten. Solche Funktionen lassen sich - wenigstens ausschnittsweise - graphisch veranschaulichen. Dazu verwendet man ein kartesisches x, y-Koordinatensystem (vgl. Kap. 6), auf dessen x-Achse man die Werte der unabhängigen Variablen x und auf dessen y-Achse man die Werte der abhängigen Variablen y aufträgt. Die Menge der Punkte $P(x, y)$ mit $y = f(x)$ bildet den **Graph** der Funktion f, den man mit graph (f) bezeichnet. Bild 3.1a stellt einen Ausschnitt des Graphen der Funktion des Beispiels 3.3 dar.

Mitunter verzichtet man bei der analytischen Darstellung einer Funktion f auf die explizite Angabe ihres Definitionsbereichs. Man betrachtet dann f über dem **natürlichen Definitionsbereich**; das ist die Menge aller x, für die der Term $f(x)$ sinnvoll ist. Bild 3.1b ist ein Ausschnitt des Graphen der Funktion $y = 2x + 1$ über ihrem natürlichen Definitionsbereich, der ganz $\mathbb{R}$ ist .

3.2 Beschränkte Funktionen

Es sei $I \subset \mathbb{R}$ ein Intervall. Die Funktion $f : I \to \mathbb{R}$ heißt $\begin{cases} \textbf{nach oben beschränkt} \\ \textbf{nach unten beschränkt}' \end{cases}$

wenn es Konstanten k, K gibt, so daß für alle $x \in I$ gilt $\begin{cases} f(x) \leq K \\ f(x) \geq k \end{cases}$.

Die Funktion f heißt **beschränkt**, wenn sie nach unten und oben beschränkt ist.

Beispiel 3.4   Die Funktion $f : y = x^2$ ist nach unten beschränkt, denn für alle x aus dem natürlichen Definitionsbereich $\mathbb{R}$ von f gilt $x^2 \geq 0$. Dagegen ist f nach oben nicht beschränkt.

Beispiel 3.5   Die Funktion $f : y = \dfrac{1}{x^2 + 1}$ ist beschränkt, denn für jedes $x \in \mathbb{R}$ gilt

$$0 \leq \frac{1}{x^2 + 1} \leq 1 \quad \text{(Bild 3.2)},$$

d. h., hier ist z. B. $k = 0$ und $K = 1$.

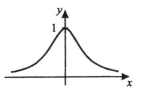

Bild 3.2

3.3   Monotone Funktionen

Die Funktion $f : I \to \mathbb{R}$ heißt in einem Intervall $\left\{ \begin{array}{l} \textbf{monoton wachsend} \\ \textbf{monoton fallend} \end{array} \right.$,

wenn für alle $x_1, x_2 \in I$ gilt: $x_1 < x_2 \Rightarrow \left\{ \begin{array}{l} f(x_1) \leq f(x_2) \\ f(x_1) \geq f(x_2) \end{array} \right.$,

d. h., wenn die Funktionswerte mit wachsendem x $\left\{ \begin{array}{l} \text{zunehmen} \\ \text{abnehmen} \end{array} \right.$.

Fordert man die letzten Ungleichungen ohne das Gleichheitszeichen, dann spricht man von **strenger Monotonie**.

Beispiel 3.6   Die Funktion $f : y = x + 1$, $x \in \mathbb{R}$, ist in $\mathbb{R}$ streng monoton wachsend, denn für $x_1 < x_2$ ist $f(x_1) = x_1 + 1 < x_2 + 1 = f(x_2)$.

Beispiel 3.7   Die Funktion $f : y = -x + 1$, $x \in \mathbb{R}$, ist in $\mathbb{R}$ streng monoton fallend, denn für $x_1 < x_2$ ist $-x_1 > -x_2$ und $f(x_1) = -x_1 + 1 > -x_2 + 1 = f(x_2)$.

Beispiel 3.8   Die Funktion $f : y = x^2$, $x \in \mathbb{R}$, ist für $\left\{ \begin{array}{ll} x < 0 & \text{streng monoton fallend} \\ x \geq 0 & \text{streng monoton wachsend} \end{array} \right.$

(oder auch: für $x \leq 0$ streng monoton fallend, für $x > 0$ streng monoton wachsend).
Denn im Fall
a) $x_1 < x_2 < 0$ ist $f(x_1) = x_1^2 > x_2^2 = f(x_2)$.
b) $0 < x_1 < x_2$ ist $f(x_1) = x_1^2 < x_2^2 = f(x_2)$.
Aber: z. B. in $I = [-1; 1]$ ist f nicht monoton!

Beispiel 3.9   Die Funktion $f : y = \dfrac{-x + 1}{x + 3}$ ist streng monoton fallend auf dem Intervall $(-\infty, -3)$ und auf dem Intervall $(-3, +\infty)$.
Für den Beweis formen wir zunächst etwas um. Es ist $y = \dfrac{-(x + 3) + 4}{x + 3} = -1 + \dfrac{4}{x + 3}$. Sei nun

a) $x_1 < x_2 < -3$, dann ist $x_1 + 3 < x_2 + 3 < 0$, also
$$\frac{1}{x_1 + 3} > \frac{1}{x_2 + 3} \text{ und folglich } f(x_1) = -1 + \frac{1}{x_1 + 3} > -1 + \frac{1}{x_2 + 3} = f(x_2)$$

b) $-3 < x_1 < x_2$, dann ist $0 < x_1 + 3 < x_2 + 3$, also auch hier

$$\frac{1}{x_1 + 3} > \frac{1}{x_2 + 3} \text{ und daher wiederum } f(x_1) = -1 + \frac{1}{x_1 + 3} > -1 + \frac{1}{x_2 + 3} = f(x_2).$$

Bemerkung: Mit Hilfe der Differentialrechnung kann man Monotonieuntersuchungen durchführen, ohne direkt auf die Definition zurückgehen zu müssen.

3.4 Gerade und ungerade Funktionen

Die Funktion $f : D \to \mathbb{R}$ heißt $\left\{ \begin{array}{l} \textbf{gerade} \\ \textbf{ungerade} \end{array} \right.$, wenn $\left\{ \begin{array}{l} f(-x) = f(x) \\ f(-x) = -f(x) \end{array} \right.$ gilt für alle $x \in D$.

Diese Definition besagt:

- Bei geraden Funktionen gehören zu x-Werten, die symmetrisch zum Nullpunkt liegen, gleiche y-Werte, d.h.,
  der Graph gerader Funktionen ist symmetrisch bzgl. der y-Achse (Bild 3.3).

Bild 3.3   Bild 3.4

- Bei ungeraden Funktionen gehören zu x-Werten, die symmetrisch zum Nullpunkt liegen, betragsmäßig gleiche, aber vorzeichenverschiedene y-Werte, d.h.,
  der Graph ungerader Funktionen ist punktsymmetrisch bzgl. des Nullpunktes (Bild 3.4).

Beispiel 3.10   Die Funktion $f : y = \dfrac{1}{x^2 + 1}$ ist gerade, denn $f(-x) = \dfrac{1}{(-x)^2 + 1} = \dfrac{1}{x^2 + 1} = f(x)$ für alle x ihres natürlichen Definitionsbereichs $D = \mathbb{R}$.

Beispiel 3.11   Die Funktion $f : y = x^3 - x$ ist ungerade, denn $f(-x) = (-x)^3 - (-x) = -x^3 + x = -(x^3 - x) = -f(x)$ für alle x ihres natürlichen Definitionsbereichs $D = \mathbb{R}$.

Beispiel 3.12   Die Funktion $f : y = x^3 - x^2 + x + 1$ ist weder gerade noch ungerade.

Hinweis:
Sind f, g gerade, dann sind $f + g$, $f - g$, $f \cdot g$, $\frac{f}{g}$ $(g \neq 0)$ gerade;
sind f, g ungerade, dann sind $f + g$, $f - g$ ungerade, aber $f \cdot g$, $\frac{f}{g}$ $(g \neq 0)$ gerade.

3.5 Periodische Funktionen

Die Funktion $f : \mathbb{R} \to \mathbb{R}$ heißt **periodisch** mit der Periode T, wenn

$$\forall x \in \mathbb{R} \quad \text{gilt} \quad f(x + T) = f(x) \qquad (*)$$

(Bild 3.5).
Die kleinste Zahl T, für die (*) erfüllt ist, nennt man **Grundperiode**.

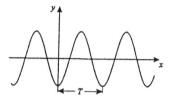

Bild 3.5

Beispiel 3.13   Die Funktion $f : y = \sin x$ ist periodisch mit der Periode 2π, denn es ist $f(x + 2\pi) = \sin(x + 2\pi) = \sin x = f(x)$, vgl. Bild 4.17.

Beispiel 3.14   Die Funktion $f : y = x + \sin x$ ist nicht periodisch, da zwar die Funktion $f : y = \sin x$ periodisch, aber die Funktion $f : y = x$ nicht periodisch ist. So gilt z. B. $f(x + 2\pi) = x + 2\pi + \sin(x + 2\pi) = x + 2\pi + \sin x \neq f(x)$.

3.6 Mittelbare Funktionen

Entsteht y aus x dadurch, daß auf x zunächst eine Funktion g angewandt und danach auf $z = g(x)$ die Funktion f angewandt wird:

$$z = g(x),$$

$$y = F(x) = f(g(x)),$$

dann nennt man F **mittelbare** oder **verkettete Funktion** von x.
Man schreibt auch $F = f \circ g$ und sagt, F ist die **Komposition** aus der *äußeren Funktion* f und der *inneren Funktion* g.
Dabei ist zu fordern, daß der Definitionsbereich D_f von f und der Wertebereich W_g von g die Relation $W_g \subset D_f$ erfüllen.
Häufig ist f nicht als mittelbare Funktion vorgegeben, sondern man macht sie zu einer solchen, indem man in zweckmäßiger Weise eine neue Variable z einführt (vgl. das Vorgehen beim Differenzieren komplizierter Funktionen mittels Kettenregel).

Beispiel 3.15   Die Funktion

$$y = \frac{1}{\sqrt{x}+1} + \sin(\sqrt{x}+1) - e^{\sqrt{x}+1} + \sqrt{x} + 2 + x, \quad x \geq 0$$

kann man als

$F = f \circ g : y = \frac{1}{z} + \sin z - e^z + z + 1 + (z - 1)^2$
mit $g : z = \sqrt{x} + 1$ schreiben. Da $D_g = [0, \infty)$, ist $W_g = [1; \infty)$ und folglich $D_f = [1; \infty)$.

Hinweise:

1. Sind f, g $\begin{cases} \text{monoton wachsend} \\ \text{monoton fallend} \end{cases}$, dann ist $f \circ g$ monoton wachsend.

   Ist $\begin{cases} f \text{ mon. wachsend, } g \text{ mon. fallend} \\ \text{oder} \\ f \text{ mon. fallend, } g \text{ mon. wachsend} \end{cases}$, dann ist $f \circ g$ mon. fallend.

2. Sind f und g gerade, dann ist $f \circ g$ gerade.
   Sind f und g ungerade, dann ist $f \circ g$ ungerade.

   Ist $\begin{cases} f \text{ gerade, } g \text{ ungerade} \\ \text{oder} \\ f \text{ ungerade, } g \text{ gerade} \end{cases}$, dann ist $f \circ g$ gerade.

3.7   Umkehrfunktionen

Ist eine Funktion f injektiv, so ist nicht nur die Zuordnung von $x \in D$ zu $y \in W$ eindeutig, sondern auch die Zuordnung von y zu x, d.h. auch diese Zuordnung ist eine Funktion. Man nennt sie **Umkehrfunktion** zu f und bezeichnet sie mit f^{-1}.
Die für injektive Funktionen charakteristische Eigenschaft

$$x_1 \neq x_2 \iff f(x_1) \neq f(x_2)$$

ist gerade bei **streng monotonen** Funktionen vorhanden. Daher beginnt die Suche nach der Umkehrfunktion f^{-1} einer vorgegebenen Funktion f mit einer Monotonie-untersuchung für die Ausgangsfunktion.
Häufig zerfällt der Definitionsbereich von f in mehrere Monotonieintervalle. Dann betrachtet man f jeweils nur auf einem Monotonieintervall und bestimmt für jede dieser Funktionen die jeweilige Umkehrfunktion.
Die analytische Darstellung der Umkehrfunktion f^{-1} erfolgt so, daß man $y = f(x)$ zunächst nach x umstellt:

$$f^{-1} : x = f^{-1}(y).$$

Der Graph dieser Funktion stimmt mit dem von $f : y = f(x)$ überein.
Nun werden x und y vertauscht, und man erhält

$$f^{-1} : y = f^{-1}(x),$$

die Umkehrfunktion von f. *Dabei ist* $D_{f^{-1}} = W_f$ *und* $W_{f^{-1}} = D_f$.

Beispiel 3.16 Gesucht ist die Umkehrfunktion von

$$f : y = \frac{-x+1}{x+3}, \quad D_f = [-2; \infty).$$

Diese Funktion ist für alle $x \in D_f$ streng monoton fallend (vgl. Beispiel 3.9). Daher ist ihr Wertebereich $W_f = (-1; 3]$. Aufgrund der strengen Monotonie von f existiert die Umkehrfunktion f^{-1}, und man ermittelt sie wie folgt:

Auflösen von f nach x:

$$y(x + 3) = -x + 1 \Longleftrightarrow x(y + 1) = 1 - 3y$$

$$\Longleftrightarrow x = \frac{1 - 3y}{1 + y}, \quad y \neq -1.$$

Vertauschen von x und y liefert die Umkehrfunktion

$$f^{-1} : y = \frac{1 - 3x}{1 + x} \text{ mit}$$

$D_{f^{-1}}(= W_f) = (-1; 3]$ und
$W_{f^{-1}}(= D_f) = [-2; \infty)$ (Bild 3.6).

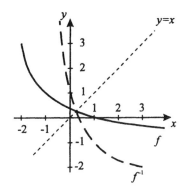

Bild 3.6

Beispiel 3.17   Gesucht ist die Umkehrfunktion von

$$f : y = x^2, \ x \in \mathbb{R}.$$

Die Funktion f ist nicht monoton; daher besitzt sie keine Umkehrfunktion. Da der Definitionsbereich von f aber in die zwei Monotoniebereiche $(-\infty; 0)$ (dort ist f streng monoton fallend) und $[0; \infty)$ (dort ist f streng monoton wachsend) zerfällt, kann man die injektiven Funktionen

$f_1 : y = x^2 , \ x \in D_{f_1} = (-\infty; 0)$ und
$f_2 : y = x^2 , \ x \in D_{f_2} = [0; \infty)$

definieren und für diese die jeweilige Umkehrfunktion ermitteln (s. Kapitel 4).

Hinweis: *Der Graph der Umkehrfunktion entsteht aus dem Graphen der Ausgangsfunktion durch Spiegelung an der Geraden $y = x$.*

Bemerkung: Bekanntlich gibt f an, was mit x zu geschehen hat, damit y entsteht. Wendet man auf f die Umkehrfunktion an, wird dieser Vorgang rückgängig gemacht, und es entsteht wieder x. Daher gilt:

$$f^{-1}(f(x)) = x, \ x \in D_f, \quad f(f^{-1}(x)) = x , \ x \in D_{f^{-1}}.$$

Beispiel 3.18   Für $x \geq 0$ gilt: $\sqrt{x^2} = x$, $(\sqrt{x})^2 = x$, da Quadrieren und Wurzelziehen für $x \geq 0$ Umkehrfunktionen zueinander sind.

4 Elementare Funktionen

4.1 Potenz- und Wurzelfunktionen

In diesem Kapitel geben wir einen Überblick über Klassen von reellen Funktionen einer reellen Variablen. Zuerst führen wir in fünf Schritten die Potenzfunktionen ein.

I. Für $n \in \mathbb{N}$ haben wir a^n in Beispiel 2.11 definiert. Als Merkregel notieren wir:

$$a^n = \underbrace{a \cdot a \cdots a}_{n-\text{mal}} \quad \text{für} \quad a \in \mathbb{R}, \quad n \in \mathbb{N}, \; n \neq 0; \quad a^0 := 1 \text{ für } a \in \mathbb{R}.$$

Hiermit definieren wir die **Potenzfunktionen**

$$f(x) = x^n, \quad x \in \mathbb{R} \quad (n \in \mathbb{N}, \text{ fest}).$$

Bild 4.1 zeigt die Graphen dieser Funktionen für $n = 2$ und $n = 3$; für beliebiges gerades bzw. ungerades $n \in \mathbb{N}$ ist der Verlauf qualitativ der gleiche, die Kurven werden mit wachsendem n lediglich immer steiler.

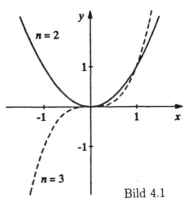

Bild 4.1

II. Für eine beliebige (gerade oder ungerade) natürliche Zahl $n \neq 0$ sind die Potenzfunktionen streng monoton und somit injektiv, wenn man den Definitionsbereich auf das Intervall $[0, +\infty)$ ("rechter Ast") oder das Intervall $(-\infty, 0]$ ("linker Ast") beschränkt. Wir betrachten zuerst den "rechten Ast", also die Funktion $f_r : y = x^n, x \in [0, +\infty)$. Ihre Umkehrfunktion wird mit $\sqrt[n]{y}$ (lies "**n-te Wurzel** aus y") bezeichnet:

$$f_r : y = x^n, \; x \in [0, +\infty) \iff f_r^{-1} : x = \sqrt[n]{y}, \; y \in [0, +\infty) \tag{4.1}$$

Das bedeutet: $\sqrt[n]{y}$ *ist genau für* $y \geq 0$ *definiert und bezeichnet die (eindeutige) nichtnegative Lösung* x *der Gleichung* $x^n = y$ (Bild 4.2 für $n = 2$).
Statt $\sqrt[2]{y}$ schreibt man nur $\sqrt{y}$.

Beispiel 4.1 Es ist $\sqrt[3]{8} = 2$, denn $x = 2$ ist nichtnegativ, und es gilt $x^3 = 2^3 = 8$. Dagegen ist $\sqrt[3]{-8}$ nicht definiert, da $y = -8 < 0$ ist.

Beispiel 4.2 Für eine beliebige reelle Zahl a ist $(y =)a^2 \geq 0$, also ist $\sqrt{a^2}$ definiert. Es gilt $\sqrt{a^2} = a$, falls $(x =)a \geq 0$, aber $\sqrt{a^2} = -a$, falls $a < 0$ (denn dann ist $x = -a > 0$ und

$x^2 = (-a)^2 = a^2$). Insgesamt gilt daher

$$\sqrt{a^2} = |a| \quad \text{für jedes} \quad a \in \mathbb{R}. \tag{4.2}$$

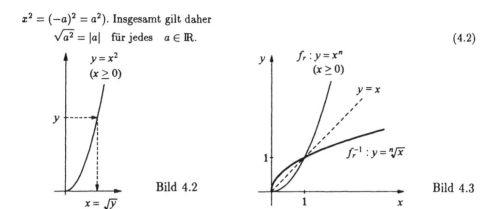

Bild 4.2

Bild 4.3

In der Darstellung der Wurzelfunktion $f_r^{-1} : x = \sqrt[n]{y}$ (siehe (4.1)) bezeichnet y die unabhängige und x die abhängige Variable. Durch Vertauschen von x und y erhält man die übliche Darstellung:

$$f_r^{-1} : y = \sqrt[n]{x}, \quad x \in [0, +\infty).$$

Der Graph von f_r^{-1} in dieser Darstellung ergibt sich durch Spiegelung des Graphen von f_r an der Geraden $y = x$ (Bild 4.3).

Mittels der Wurzelfunktion kann man nun auch die Umkehrfunktion des "linken Astes" der Potenzfunktion, also der Funktion $f_l : y = x^n$, $x \in (-\infty, 0]$, darstellen. Hierbei sind die Fälle n gerade und n ungerade zu unterscheiden. Wir behandeln nur den Spezialfall $n = 2$. Wegen $x \leq 0$, also $-x \geq 0$, schreiben wir f_l in der Form $f_l : y = x^2 = (-x)^2$. Gemäß (4.1) erhalten wir $f_l^{-1} : -x = \sqrt{y}$, $y \in [0, +\infty)$ oder $f_l^{-1} : x = -\sqrt{y}$, $y \in [0, +\infty)$ und durch Vertauschen von x mit y schließlich $f_l^{-1} : y = -\sqrt{x}$, $x \in [0, +\infty)$.

III. Man setzt

$$a^{\frac{m}{n}} := \sqrt[n]{a^m} \quad \text{für} \quad a \geq 0; \ m, n \in \mathbb{N}, \ n \neq 0. \tag{4.3}$$

Durch (4.3) ist a^ρ für jede rationale Zahl $\rho \geq 0$ definiert. Insbesondere ist $a^{\frac{1}{n}} = \sqrt[n]{a}$.

IV. Die Definition von a^ρ für eine beliebige reelle Zahl $\rho > 0$ läßt sich auf (4.3) zurückführen. Wir werden dies in Bemerkung 8.2 nachtragen. Hier sei zunächst nur an einem Beispiel angedeutet, wie man praktisch rechnet.

Beispiel 4.3   Benötigt werde die Dezimalbruchdarstellung der Zahl $3^{\sqrt{2}}$. Für $\sqrt{2}$ hat man die immer genaueren rationalen Näherungswerte $1,4 = \dfrac{14}{10}$; $1,41 = \dfrac{141}{100}$; $1,414 = \dfrac{1414}{1000}$ usw. Hiermit erhält man immer genauere Näherungswerte für $3^{\sqrt{2}}$, nämlich

$$3^{1,4} = 3^{\frac{14}{10}} = \sqrt[10]{3^{14}} = 4,655\ldots, 3^{1,41} = 4,706\ldots, 3^{1,414} = 4,727\ldots \text{ usw.}$$

V. Schließlich definiert man

$$a^{-\rho} := \frac{1}{a^\rho} \quad \text{für} \quad \begin{cases} a > 0, \ \rho > 0 \ \text{bzw.} \\ a \neq 0, \ \rho \in \mathbb{N}. \end{cases} \qquad (4.4)$$

Nach den Schritten I bis V ist

$$a^\rho \quad \text{definiert für} \quad \begin{cases} a > 0, & \rho \in \mathbb{R}, \\ a = 0, & \rho \geq 0, \\ a < 0, & \rho \ \text{ganz}. \end{cases}$$

In der Potenz a^ρ heißt a **Basis** und ρ **Exponent.**
Wichtig sind die **Potenzregeln:** Es gilt

$$a^\rho \cdot a^\sigma = a^{\rho+\sigma}, \quad (a^\rho)^\sigma = a^{\rho \cdot \sigma}, \quad a^\rho \cdot b^\rho = (ab)^\rho$$

$$\text{für } a, b > 0; \ \rho, \sigma \in \mathbb{R}. \qquad (4.5)$$

Wegen $\sqrt[n]{a} = a^{\frac{1}{n}}$ sind "Wurzelregeln" in (4.5) enthalten; z. B. gilt

$$\sqrt[n]{ab} = (ab)^{\frac{1}{n}} = a^{\frac{1}{n}} \cdot b^{\frac{1}{n}} = \sqrt[n]{a} \cdot \sqrt[n]{b} \quad \text{für } a, b \geq 0, \ n \in \mathbb{N}, n \neq 0. \quad (4.5a)$$

Beispiel 4.4 An der folgenden Gleichungskette kann die Anwendung von (4.3) sowie der drei Regeln von (4.5) beobachtet werden; hierbei sei $a \geq 0$ und $b \geq 0$:

$$\sqrt[3]{ab^4} = (ab^4)^{\frac{1}{3}} = a^{\frac{1}{3}}(b^4)^{\frac{1}{3}} = a^{\frac{1}{3}}b^{\frac{4}{3}} = a^{\frac{1}{3}}b^{1+\frac{1}{3}} = a^{\frac{1}{3}}bb^{\frac{1}{3}} = b(ab)^{\frac{1}{3}} = b\sqrt[3]{ab}.$$

Unter Verwendung von (4.5 a) kann die Rechnung auch so durchgeführt werden:

$$\sqrt[3]{ab^4} = \sqrt[3]{a} \ \sqrt[3]{b^3 b} = \sqrt[3]{a} \ \sqrt[3]{b^3} \ \sqrt[3]{b} = \sqrt[3]{a} \ b \sqrt[3]{b} = b\sqrt[3]{ab}.$$

Beispiel 4.5 Mit (4.4) und (4.5) erhält man für $a, b > 0$:

$$\frac{a^3 b^2}{\sqrt{a} \ b^3} = a^{3-\frac{1}{2}} b^{2-3} = a^{\frac{5}{2}} b^{-1} = a^2 a^{\frac{1}{2}} b^{-1} = \frac{a^2 \sqrt{a}}{b}.$$

Alternativ kann man den gegebenen Bruch auch mit $\sqrt{a}$ erweitern und im Nenner $\sqrt{a} \cdot \sqrt{a} = a$ verwenden:

$$\frac{a^3 b^2 \cdot \sqrt{a}}{\sqrt{a} \ b^3 \cdot \sqrt{a}} = \frac{a^3 b^2 \sqrt{a}}{a b^3} = \frac{a^2 \sqrt{a}}{b}.$$

4.2 Exponential- und Logarithmusfunktionen

Die Potenz a^ρ (mit $a > 0$, $\rho \in \mathbb{R}$) gibt Anlaß zu zwei Klassen von Funktionen, je nachdem, ob die Basis a oder der Exponent ρ als unabhängige Variable x gewählt wird:

$$f_1(x) = x^\rho, \quad x \in (0, +\infty) \qquad \textbf{Potenzfunktion (s. 4.1)},$$
$$f_2(x) = a^x, \quad x \in \mathbb{R} \qquad\qquad \textbf{Exponentialfunktion.}$$

In diesem Abschnitt befassen wir uns mit Exponentialfunktionen und ihren Umkehrfunktionen. Wegen $1^x = 1$ für jedes $x \in \mathbb{R}$ ist der Fall $a = 1$ uninteressant. Nun sei eine Basis b mit $0 < b < 1$ gegeben. Dann ist $a := \frac{1}{b} > 1$, und es gilt

$$b^x = \left(\frac{1}{a}\right)^x = \frac{1^x}{a^x} = \frac{1}{a^x} = a^{-x}.$$

Man kann sich daher auf Basen $a > 1$ beschränken, wenn man die beiden Funktionen

$$f(x) = a^x, \quad x \in \mathbb{R}, \quad \text{und} \quad g(x) = a^{-x}, \quad x \in \mathbb{R}, \tag{4.6}$$

betrachtet (Bild 4.4). Der Prototyp für eine Basis $a > 1$ ist die irrationale Zahl e, die wir in Abschnitt 8.2 definieren werden. Hier geben wir zunächst nur einige Stellen ihrer Dezimalbruchdarstellung an:

$$\text{e} = 2{,}718\,281\,828\ldots$$

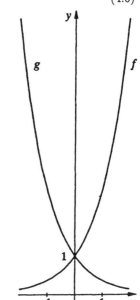

Die Funktion $f_0(x) = \text{e}^x$, $x \in \mathbb{R}$, wird häufig als *die* Exponentialfunktion bezeichnet. Ihre Bedeutung wird in Abschnitt 10.4 (nach Beispiel 10.12) erläutert. Statt e^x schreibt man auch $\exp(x)$.

Charakteristisch für Exponentialfunktionen ist das mit wachsendem x immer schnellere Zunehmen der Funktionswerte. Zum Beispiel ist

$$\begin{aligned} 3^5 &= 243, \\ 3^{10} &= 59\,049, \\ 3^{15} &= 14\,348\,907. \end{aligned}$$

Bild 4.4

In einem später (s. Ende von Abschnitt 9.1) zu präzisierenden Sinne wächst die Exponentialfunktion f "schneller" als jede Potenzfunktion $f_1(x) = x^k$, $k \in \mathbb{N}$.

Als streng monoton wachsende Funktion ist die Exponentialfunktion $f(x) = a^x$ ($x \in \mathbb{R}, a > 1$) injektiv. Sie besitzt daher eine Umkehrfunktion f^{-1}, die auf dem Wertebereich $W_f = (0, +\infty)$ von f definiert ist und mit $\log_a y$ (lies "**Logarithmus** von y zur Basis a") bezeichnet wird:

$$f : y = a^x, \ x \in \mathbb{R} \ (a > 1) \Longleftrightarrow f^{-1} : x = \log_a y, \quad y \in (0, +\infty). \qquad (4.7)$$

Das bedeutet: $\log_a y$ *ist genau für* $y > 0$ *definiert und bezeichnet die (eindeutige) Lösung* x *der Gleichung* $a^x = y$.
Speziell setzt man

$$\ln y := \log_e y \quad \text{für} \quad y \in (0, +\infty)$$

und nennt $\ln y$ den **natürlichen Logarithmus** von y. Es gilt somit

$$x = \ln y \Longleftrightarrow e^x = y \quad (x \in \mathbb{R}, \ y > 0).$$

Für jedes $y > 0$ ist also $y = e^{\ln y}$ und daher $y^x = (e^{\ln y})^x = e^{x \ln y}$. Hiermit ist die erste der beiden folgenden Formeln (mit y statt a) bewiesen; die zweite zeigt man analog:

$$
\begin{aligned}
a^x &= e^{x \ln a} && (a > 1, \ x \in \mathbb{R}), \\
\log_a y &= \frac{\ln y}{\ln a} && (a > 1, \ y > 0).
\end{aligned}
$$

Nach diesen Formeln kann die Exponential- bzw. Logarithmusfunktion mit einer beliebigen Basis $a > 1$ aus der entsprechenden Funktion mit der Basis e berechnet werden.

Beispiel 4.6 a) $x = \log_3 81 \Longleftrightarrow 3^x = 81 \Longleftrightarrow x = 4$.
b) $\log_2(-4)$ ist nicht definiert, da $(y =) - 4 < 0$ ist.
c) $\ln y = -2 \Longleftrightarrow y = e^{-2} = \frac{1}{e^2} = 0,1353\ldots$
d) $3^{\sqrt{2}} = \exp(\sqrt{2} \ln 3) = 4,7288\ldots$ (vgl. Beispiel 4.3)
e) Für jedes $a > 1$ ist $\log_a a = 1$ (wegen $a^1 = a$) und $\log_a 1 = 0$ (wegen $a^0 = 1$).

Aus den Potenzregeln ergeben sich **Logarithmenregeln**:

$$
\begin{aligned}
\log_a(u \cdot v) &= \log_a u + \log_a v && (a > 1, u > 0, v > 0), \\
\log_a \tfrac{u}{v} &= \log_a u - \log_a v && (a > 1, u > 0, v > 0), \\
\log_a u^\rho &= \rho \cdot \log_a u && (a > 1, u > 0, \rho \in \mathbb{R}).
\end{aligned}
\qquad (4.8)
$$

Wir leiten die erste Formel in 4.8 her. Wir setzen $\rho := \log_a u$, $\sigma := \log_a v$. Dann ist $u = a^\rho$, $v = a^\sigma$, also nach (4.5) $u \cdot v = a^\rho \cdot a^\sigma = a^{\rho+\sigma}$ und daher $\log_a(u \cdot v) = \rho + \sigma$, womit die Formel bewiesen ist. Analog verifiziert man die anderen Regeln.

Beispiel 4.7   a) Nach (4.8) und wegen $\ln e = 1$ (s. Beispiel 4.6 e) ist

$$\ln \sqrt[3]{e} = \ln e^{\frac{1}{3}} = \frac{1}{3} \ln e = \frac{1}{3}.$$

b) Für $a > 1$ und $u > v > 0$ gilt

$$\log_a(u^2 - v^2) - \log_a(u + v) = \log_a \frac{u^2 - v^2}{u + v} = \log_a \frac{(u + v)(u - v)}{u + v} = \log_a(u - v).$$

Beispiel 4.8   Wird ein Kapital k_0 zu einem Jahreszinssatz von p % angelegt, so hat man bei kontinuierlicher Verzinsung nach der Laufzeit t (in Jahren) das Kapital $K(t) = k_0 e^{\frac{p}{100}t}$; dies wird in Beispiel 8.5 erläutert. Gesucht ist die Laufzeit t_e, nach der ein benötigtes Endkapital K_e durch diese Anlage erzielt wird. Es gilt

$$K_e = K(t_e) = k_0 e^{\frac{p}{100}t_e} \implies \frac{p}{100} t_e = \ln \frac{K_e}{k_0} \implies t_e = \frac{100}{p} \ln \frac{K_e}{k_0}.$$

Wird z. B. eine Kapitalverdopplung angestrebt, also $K_e = 2k_0$, so erfordert dies bei $p = 4,75$ die Laufzeit $t_e = \frac{100}{4,75} \ln 2 = 14,59\ldots$, also ungefähr 14 Jahre und 7 Monate.

Wir knüpfen an (4.7) an. Vertauscht man in der Darstellung von f^{-1} die Bezeichnungen x und y, so erhält man

$$f : y = a^x,\ x \in \mathbb{R}, \quad f^{-1} : y = \log_a x,\ x \in (0, +\infty).$$

Der Graph von f^{-1} geht aus dem Graphen von f wieder durch Spiegelung an der Geraden $y = x$ hervor (für $a = e$ siehe Bild 4.5).
Die Umkehrfunktion der Funktion g in (4.6) läßt sich nun ebenfalls darstellen. Wegen

$$a^{-x} = y \iff -x = \log_a y \iff x = -\log_a y$$

hat man (wiederum nach Vertauschen von x und y):

$$g : y = a^{-x},\ x \in \mathbb{R}, \quad g^{-1} : y = -\log_a x,\ x \in (0, +\infty) \quad \text{(Bild 4.6)}.$$

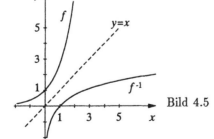

Bild 4.5

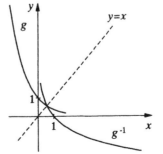

Bild 4.6

4.3 Trigonometrische Funktionen und Arkusfunktionen

4.3.1 Winkel und ihre Maße

Wir führen die trigonometrischen Funktionen hier geometrisch ein. Dazu benötigen wir den Begriff des Winkels. Allen Betrachtungen liegt eine Ebene E zugrunde.

Ein **Winkel** in E ist durch vier Objekte bestimmt:
- einen Punkt A, den *Scheitel*,
- zwei in A beginnende Strahlen g und h, die *Schenkel*,
- eine genau von g und h berandete Teilmenge von E, das *Winkelfeld*.

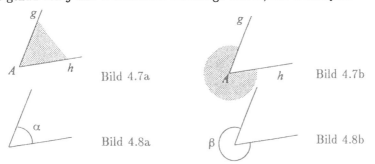

Bild 4.7a   Bild 4.7b

Bild 4.8a   Bild 4.8b

Ein Vergleich der Bilder 4.7 a und 4.7 b verdeutlicht, daß neben dem Scheitel und den beiden Schenkeln auch das (punktiert gezeichnete) Winkelfeld zur Beschreibung des Winkels erforderlich ist. Die Bilder 4.8 a und 4.8 b zeigen die übliche Darstellung von Winkeln und deren Bezeichnung durch kleine griechische Buchstaben.

Zum Vergleich der *Größe* von Winkeln gibt es verschiedene Maße; diese beziehen sich auf einen Kreis K_r in der Ebene E mit dem Mittelpunkt A und einem Radius $r > 0$ (Bild 4.9 a).

1. Das Gradmaß: Man denkt sich den Kreis K_r in 360 gleichgroße Teile zerlegt und ordnet jedem Teil das Gradmaß 1° (lies "1 Grad") zu. Man unterteilt weiter in $1^o = 60'$ (lies "60 Minuten") und $1' = 60''$ (lies "60 Sekunden"), so daß $1^o = 3600''$ ist. Das *Gradmaß* $\langle \alpha \rangle$ des Winkels α beschreibt den Anteil von K_r, der im zugehörigen Winkelfeld enthalten ist. Gehört zum Winkel α z. B. ein Achtel von K_r, so ist $\langle \alpha \rangle = \frac{360^o}{8} = 45^o$.

2. Das Neugradmaß: Man verfährt wie beim Gradmaß, teilt allerdings den Kreis K_r in 400 gleichgroße Teile. Die Einheit ist 1 gon (Lies "1 Gon"). Wir bezeichnen das *Neugradmaß* des Winkels α mit $[\alpha]$. Gehört zum Winkel α z. B. ein Achtel von K_r, so ist $[\alpha] = \frac{400\text{gon}}{8} = 50$ gon.

3. Das Bogenmaß: Ist b die Bogenlänge [2]) des im Winkelfeld gelegenen Teils von K_r, so heißt $\widehat{\alpha} := b/r$ *Bogenmaß* des Winkels α. Das Bogenmaß ist dimensionslos.

---

[2]) Wir sehen den Begriff der Bogenlänge einer Kurve hier als "anschaulich klar" an und verzichten auf eine Definition.

Speziell ist $\widehat{\alpha}$ die Maßzahl der Bogenlänge des zu α gehörigen Teils des Kreises K_1 mit dem Radius $r = 1$ (Bild 4.9 b).

Die Bogenlänge eines Kreises mit dem Radius r ist $2\pi r$. Hierbei ist π eine irrationale Zahl [3]) mit der Dezimalbruchdarstellung

$$\pi = 3,141\,592\,653\ldots$$

Gehört zum Winkel α z. B. ein Achtel von K_r, so ist $b = \frac{1}{8} \cdot 2\pi r = \frac{\pi}{4}r$, also $\widehat{\alpha} = \frac{\pi}{4}$.

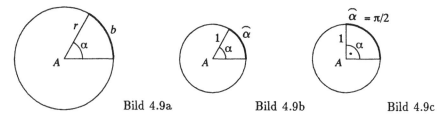

Bild 4.9a   Bild 4.9b   Bild 4.9c

Zur Umrechnung der drei Maße ineinander hat man die Gleichungen

$$\frac{\widehat{\alpha}}{2\pi} = \frac{\langle \alpha \rangle}{360^o} = \frac{[\alpha]}{400\,\text{gon}}, \qquad \begin{array}{l} \widehat{\alpha} \ : \ \text{Bogenmaß von } \alpha, \\ \langle \alpha \rangle : \ \text{Gradmaß von } \alpha, \\ {[\alpha]} \ : \ \text{Neugradmaß von } \alpha. \end{array} \qquad (4.9)$$

Die folgende Tabelle enthält einige einander entsprechende Werte in diesen Maßen.

$\widehat{\alpha}$	0	$\pi/4$	$\pi/2$	$3\pi/4$	π	$3\pi/2$	2π
$\langle \alpha \rangle$	0°	45°	90°	135°	180°	270°	360°
$[\alpha]$	0 gon	50 gon	100 gon	150 gon	200 gon	300 gon	400 gon

Der Winkel α heißt **rechter Winkel**, wenn $\widehat{\alpha} = \frac{\pi}{2}$, also $\langle \alpha \rangle = 90^o$ ist. In diesem Falle stehen die Schenkel aufeinander senkrecht oder sie sind - wie man auch sagt - *zueinander orthogonal* (Bild 4.9 c); man beachte auch die Bezeichnung des rechten Winkels durch einen Punkt. Zum ganzen Kreis gehört der **Vollwinkel** α; für diesen gilt $\widehat{\alpha} = 2\pi$, also $\langle \alpha \rangle = 360^o$.

Grad- bzw. Neugradmaß werden vorwiegend in der Geometrie bzw. im Vermessungswesen benutzt. Wir werden fast ausschließlich das dimensionslose Bogenmaß verwenden, das wir nun noch modifizieren.

Man kann sich einen Winkel α dadurch entstanden denken, daß ein Strahl durch Drehung um den Scheitel A das Winkelfeld überstreicht. Gemäß dieser kinematischen Interpretation versieht man das Bogenmaß $\widehat{\alpha}$

---

[3]) Auf eine Definition der Zahl π müssen wir hier verzichten.

- mit positivem Vorzeichen bei Drehung entgegen dem Uhrzeiger (*mathematisch positiver Drehsinn*),
- mit negativem Vorzeichen bei Drehung mit dem Uhrzeiger (*mathematisch negativer Drehsinn*).

Weiter läßt man auch Drehungen um mehr als einen Vollwinkel zu (Bild 4.10).

Mit dieser Modifikation kann jede reelle Zahl x als Bogenmaß eines Winkels α gedeutet werden: $x = \widehat{\alpha}$.

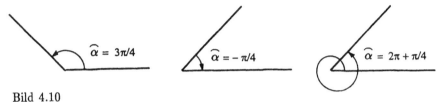

Bild 4.10

4.3.2 Definition der trigonometrischen Funktionen

In Bild 4.11 ist der einer reellen Zahl x zugeordnete Winkel α (d. h. $\widehat{\alpha} = x$) in einem kartesischen Koordinatensystem eingezeichnet. Zu dem Winkel α gehört ein Strahl, der den Einheitskreis (d. h., den Kreis mit dem Radius 1 um den Nullpunkt) in einem Punkt P_x schneidet. Man bezeichnet die Koordinaten von P_x mit $\cos x$ und $\sin x$, d. h., man setzt

$$P_x =: (\cos x, \sin x) \quad \text{(Bild 4.11)}.$$ (4.10)

Dies definiert die Funktionen

$$f(x) = \cos x,\ x \in \mathbb{R} \quad \text{und} \quad g(x) = \sin x,\ x \in \mathbb{R}.$$

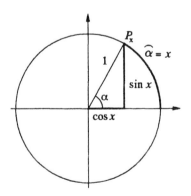

Bild 4.11

Weiter setzt man

$$\tan x := \frac{\sin x}{\cos x}, \quad x \neq (2k+1)\frac{\pi}{2}, \ k \text{ ganz},$$
$$\cot x := \frac{\cos x}{\sin x}, \quad x \neq k\pi, \ k \text{ ganz}.$$

(4.11)

An Bild 4.11 kann man sich leicht überlegen, daß

$$\cos x = 0 \iff x = \pm\frac{\pi}{2}, \pm 3\frac{\pi}{2}, \ldots, (2k+1)\frac{\pi}{2}, \ldots$$

gilt, wobei k eine beliebige ganze Zahl bezeichnet. Diese Stellen sind aus der Definition von $\tan x$ auszuschließen (s. (4.11)); analog für $\cot x$.

Die Funktionen sin (Sinus), cos (Kosinus), tan (Tangens) und cot (Kotangens) heißen **trigonometrische Funktionen**. Sie werden insbesondere benötigt

- zu Berechnungen an Dreiecken, [4])
- zur Beschreibung periodischer Vorgänge.

4.3.3 Berechnungen an Dreiecken

Das rechtwinklige Dreieck AQP in Bild 4.12 entspricht dem Dreieck in Bild 4.11: Die Länge der Strecke $\overline{AP}$ ist 1, so daß die Strecken $\overline{AQ}$ und $\overline{PQ}$ die Längen $\cos\alpha$ bzw. $\sin\alpha$ haben. Da die Dreiecke AQP und ACB ähnlich sind, gilt $\sin\alpha : 1 = a : c$ (vgl. Kapitel 6). Analoge Überlegungen für die anderen Seitenverhältnisse führen zu den folgenden Formeln:

$$\sin\alpha = \frac{a}{c}, \quad \cos\alpha = \frac{b}{c}$$
$$\tan\alpha = \frac{a}{b}, \quad \cot\alpha = \frac{b}{a} \quad \text{(Bild 4.12)}.$$

(4.12)

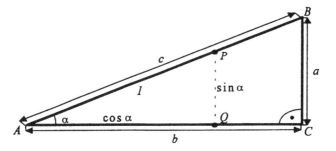

Bild 4.12

---

[4]) Daher die Sammelbezeichnung trigonometrische Funktionen.

Hierbei haben wir eine übliche Vereinfachung der Bezeichnung angewendet: Wir bezeichnen sowohl den Winkel als auch seine Bogenlänge mit α, ebenso bezeichnet z. B. a sowohl die Dreieckseite $\overline{BC}$ als auch deren Länge.

In dem rechtwinkligen Dreieck ABC heißt (bezogen auf den Winkel α) $\overline{AC}$ **Ankathete**, $\overline{BC}$ **Gegenkathete** und $\overline{AB}$ **Hypotenuse**. Hiermit lauten die Formeln (4.12):

$$\sin\alpha = \text{Gegenkathete : Hypotenuse}, \quad \cos\alpha = \text{Ankathete : Hypotenuse},$$
$$\tan\alpha = \text{Gegenkathete : Ankathete}, \quad \cot\alpha = \text{Ankathete : Gegenkathete}.$$

Beispiel 4.9

Zur Ermittlung der Höhe h eines Turmes wird von dessen Fußpunkt eine horizontale Meßstrecke der Länge $l = 30$ (in m) abgetragen und vom Ende dieser Strecke die Turmspitze anvisiert, wobei das Meßgerät die Augenhöhe $h_1 = 1,60$ (in m) habe (Bild 4.13). Die Messung des Winkels α ergebe $[\alpha] = 42,36$ gon.
Es ist $h = h_1 + h_2$. Aus $\tan\alpha = h_2/l$ folgt $h_2 = l\tan\alpha$, so daß man $h = h_1 + l\tan\alpha$ erhält. Nach (4.9) ist $\widehat{\alpha} = 2\pi\frac{42,36\,\text{gon}}{400\,\text{gon}} = 0,6654$. Mit $\tan\alpha = \tan\widehat{\alpha}$ (vgl. die Bemerkung nach Bild 4.12) ergibt sich schließlich

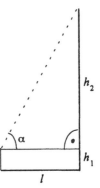

$$h = 1,60 + 30\cdot\tan 0,6654 = 25,14 \text{ (in m)}.$$

Bild 4.13

In einem beliebigen - nicht notwendig rechtwinkligen - Dreieck gelten die folgenden Formeln:

$$\frac{\sin\alpha}{a} = \frac{\sin\beta}{b} = \frac{\sin\gamma}{c} \quad \text{(Sinussatz; Bild 4.14)} \tag{4.13}$$

$$a^2 = b^2 + c^2 - 2bc\cos\alpha \quad \text{(Kosinussatz; Bild 4.14)} \tag{4.14}$$

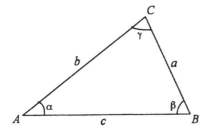

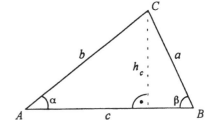

Bild 4.14   Bild 4.15

Zum Beweis von (4.13) betrachte man Bild 4.15: Mit der Höhe h_c (vom Punkt C auf die Seite c) gilt $\sin\alpha = h_c/b$ und $\sin\beta = h_c/a$, also $b\sin\alpha = h_c = a\sin\beta$, woraus die erste Gleichung von (4.13) folgt. Die zweite beweist man analog. Der Kosinussatz (4.14) wird in Kapitel 5 bewiesen.

Sinus- und Kosinussatz werden u. a. zur Bestimmung von Entfernungen herangezogen.

Beispiel 4.10   Wir verwenden die Bezeichnungen von Bild 4.14. In einem Gelände seien A und B zugängliche Punkte mit der bekannten Entfernung c. Gesucht sind die Entfernungen von A und von B zu einer Bergspitze C, also die Längen der Seiten a und b. Durch Anvisieren des Punktes C von A und B aus werden die Winkel α und β gemessen (vgl. Beispiel 4.9). Nach (4.13) ist

$$a = c\,\frac{\sin\alpha}{\sin\gamma}, \quad b = c\,\frac{\sin\beta}{\sin\gamma},$$

wobei sich γ aus $\alpha + \beta + \gamma = \pi$ ergibt (s. Abschn. 6.2).

4.3.4   Beschreibung periodischer Vorgänge

Die Bilder 4.16 und 4.17 zeigen die Graphen der Funktionen $f(x) = \cos x$, $x \in \mathbb{R}$ und $g(x) = \sin x$, $x \in \mathbb{R}$. Aus der Definition (Bild 4.11) folgt, daß diese Funktionen die Periode 2π haben, d. h., es gilt

$$\boxed{\cos(x + 2\pi) = \cos x, \quad \sin(x + 2\pi) = \sin x \quad \text{für jedes } x \in \mathbb{R}.} \qquad (4.15)$$

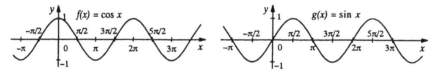

Bild 4.16   Bild 4.17

Die Funktionen f und g spielen daher eine wichtige Rolle bei der Beschreibung periodischer Vorgänge, also von Schwingungen im allgemeinsten Sinne (Federschwingung, elektrische Spannung, magnetische Feldstärke usw.).

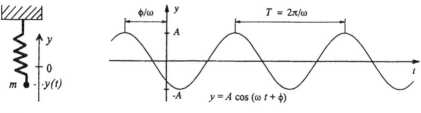

Bild 4.18   Bild 4.19

In Bild 4.18 ist eine Federschwingung angedeutet. Wird eine an der Feder befestigte Masse m aus der Ruhelage ausgelenkt, so schwingt sie. Berücksichtigt man nur eine zur jeweiligen Auslenkung proportionale Federkraft (ungedämpfte freie Schwingung), so wird die Auslenkung durch

$$y(t) = A \cos(\omega t + \varphi) \tag{4.16}$$

beschrieben. Hierbei bezeichnet t die Zeit, A die Amplitude (maximale Auslenkung), ω die Kreisfrequenz und φ die Phasenkonstante. Es gilt $\omega = 2\pi\nu$ und $\nu = 1/T$, dabei ist ν die Frequenz und T die Schwingungsdauer. Bild 4.19 zeigt den zeitlichen Verlauf der durch (4.16) beschriebenen Schwingung, die man *harmonische Schwingung* nennt. Die ungedämpfte freie Federschwingung ist somit der Prototyp einer harmonischen Schwingung.

Zwischen den trigonometrischen Funktionen besteht eine Reihe von Beziehungen, sog. goniometrische Gleichungen, von denen hier nur die wichtigsten notiert werden sollen; im übrigen verweisen wir auf Formelsammlungen. Für alle $x, y \in \mathbb{R}$ gilt

$$
\begin{aligned}
&\cos(-x) = \cos x \quad (\textit{gerade Funktion}), \\
&\sin(-x) = -\sin x \quad (\textit{ungerade Funktion}), \\
&\cos^2 x + \sin^2 x = 1 \quad (\textit{"trigonometrischer Pythagoras"}), \\
&\cos(x + y) = \cos x \cos y - \sin x \sin y \quad (\textit{Additionstheorem}), \\
&\sin(x + y) = \sin x \cos y + \cos x \sin y \quad (\textit{Additionstheorem}).
\end{aligned}
\tag{4.17}
$$

Aus der letzten Formel folgt mit $y = \frac{\pi}{2}$ bzw. $y = x$ unmittelbar

$$\sin\left(x + \frac{\pi}{2}\right) = \cos x, \tag{4.18}$$

$$\sin(2x) = 2 \sin x \cos x. \tag{4.19}$$

Gemäß (4.18) ergibt sich der Graph von cos, indem man den Graphen von sin um $\frac{\pi}{2}$ nach links verschiebt (vgl. Bild 4.16, 4.17). Hiernach kann man eine harmonische Schwingung statt durch (4.16) auch beschreiben durch

$$y(t) = A \sin(\omega t + \hat{\varphi}) \quad \text{mit } \hat{\varphi} := \varphi + \frac{\pi}{2}.$$

Bezüglich der aus sin und cos abgeleiteten Funktionen tan und cot (s. (4.11), (4.12)) verweisen wir ebenfalls auf Formelsammlungen.

4.3.5 Arkusfunktionen

Wir kommen zur Umkehrung der trigonometrischen Funktionen. Als periodische Funktionen sind sie "weit davon entfernt", auf ihrem ganzen Definitionsbereich injektiv zu sein. Wir betrachten sie daher zunächst auf einem möglichst großen Intervall

in der Nähe des Nullpunktes, auf dem sie streng monoton und somit injektiv sind.
Für die Funktion sin ist dies das Intervall $\left[-\frac{\pi}{2}, \frac{\pi}{2}\right]$. Wir setzen

$$f : y = \sin x,\ x \in \left[-\frac{\pi}{2}, \frac{\pi}{2}\right] \Longleftrightarrow f^{-1} : x = \arcsin y,\ y \in [-1, 1]. \qquad (4.20)$$

Das bedeutet: arcsin y *bezeichnet denjenigen Winkel x im Bogenmaß, für den* $-\frac{\pi}{2} \leq$
$x \leq \frac{\pi}{2}$ *und* $\sin x = y$ *gilt.*

Man liest arcsin y als "**Arkussinus** von y". Bild 4.20 zeigt die Funktionen $f : y =$
$\sin x,\ x \in [-\frac{\pi}{2}, \frac{\pi}{2}]$ und $f^{-1} : y = \arcsin x,\ x \in [-1, 1]$. In der Darstellung von f^{-1}
sind gegenüber (4.20) x und y vertauscht, so daß der Graph von f^{-1}, wie üblich, aus
dem Graphen von f durch Spiegelung an der Geraden $y = x$ hervorgeht. Für arcsin
findet man auch die Bezeichnung $\sin^{-1}$ (z. B. auf Taschenrechnern).

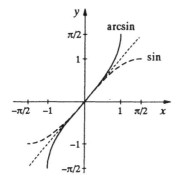

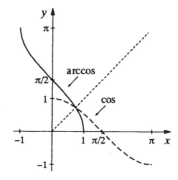

Bild 4.20   Bild 4.21

Analog setzt man (s. Bild 4.21 für arccos)

$$\begin{aligned}
f : y = \cos x,\ x \in [0, \pi] &\Longleftrightarrow f^{-1} : x = \arccos y,\ y \in [-1, 1], \\
f : y = \tan x,\ x \in (-\tfrac{\pi}{2}, \tfrac{\pi}{2}) &\Longleftrightarrow f^{-1} : x = \arctan y,\ y \in \mathbb{R}, \\
f : y = \cot x,\ x \in (0, \pi) &\Longleftrightarrow f^{-1} : x = \text{arccot}\, y,\ y \in \mathbb{R}.
\end{aligned} \qquad (4.21)$$

Beispiel 4.11   a) Es ist $\arcsin \frac{1}{2} = \frac{\pi}{6}$, denn es gilt $(x =) \frac{\pi}{6} \in \left[-\frac{\pi}{2}, \frac{\pi}{2}\right]$ und $\sin \frac{\pi}{6} = \frac{1}{2}$.
b) Es ist $\arccos(-1) = \pi$, denn es gilt $(x =)\pi \in [0, \pi]$ und $\cos \pi = -1$.
c) $\arccos 2$ ist nicht definiert, denn es ist $(y =)2 \notin [-1, 1]$.
d) Es ist $\arctan 2 = 1,10715$.

Mit den Arkusfunktionen kann man auch die Umkehrfunktion der trigonometrischen
Funktionen auf anderen Monotonieintervallen darstellen.

Beispiel 4.12   Die Funktion $g : y = \cos x,\ x \in [\pi, 2\pi]$ ist streng monoton wachsend (Bild
4.16), besitzt also eine Umkehrfunktion g^{-1}. Diese ist zu bestimmen.
Wir führen durch $\bar{x} := 2\pi - x$ die neue Variable $\bar{x}$ ein. Aus $\pi \leq x \leq 2\pi$ folgt $0 \leq \bar{x} \leq \pi$.

Weiter ist $y = \cos x = \cos(-\bar{x} + 2\pi) = \cos(-\bar{x}) = \cos \bar{x}$. Gemäß der ersten Zeile von (4.21) (mit $\bar{x}$ statt x) gilt daher $\bar{x} = \arccos y$ und somit $x = 2\pi - \bar{x} = 2\pi - \arccos y$, also

$$g^{-1} : y = 2\pi - \arccos x, \quad x \in [-1, 1].$$

Wir kommen auf die Beschreibung periodischer Vorgänge zurück. Gegeben seien zwei harmonische Schwingungen mit derselben Kreisfrequenz ω :

$$y_1(t) = A_1 \cos(\omega t + \varphi_1), \quad y_2(t) = A_2 \cos(\omega t + \varphi_2).$$

Nach dem Superpositionsprinzip wird die Überlagerung der beiden Schwingungen durch die Summe $y_1(t) + y_2(t)$ beschrieben. Wir wollen zeigen, *daß dies wiederum eine harmonische Schwingung mit der Kreisfrequenz ω ist.*[5]) Wir setzen

$$a := A_1 \cos \varphi_1 + A_2 \cos \varphi_2, \ b := A_1 \sin \varphi_1 + A_2 \sin \varphi_2, \ A := \sqrt{a^2 + b^2},$$

$$\varphi := \begin{cases} 0, & \text{falls} \quad A = 0, \\[2mm] \arccos \dfrac{a}{A}, & \text{falls} \quad A > 0, b \geq 0, \\[2mm] -\arccos \dfrac{a}{A}, & \text{falls} \quad A > 0, b < 0. \end{cases}$$

Der Winkel φ ist in den Bildern 4.22 a) und 4.22 b) geometrisch interpretiert: Es ist $-\pi < \varphi \leq \pi$, und es gilt

$$a = A \cos \varphi, \quad b = A \sin \varphi. \tag{4.22}$$

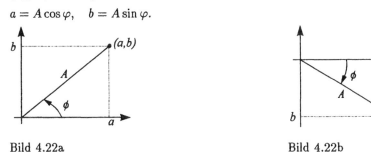

Bild 4.22a   Bild 4.22b

Wir zeigen nun, daß

$$y_1(t) + y_2(t) = A \cos(\omega t + \varphi) \quad \text{für jedes } t \in \mathbb{R} \tag{4.23}$$

gilt. Mit dem Additionstheorem für cos erhält man

$$y_1(t) + y_2(t)$$
$$= (A_1 \cos \omega t \cos \varphi_1 - A_1 \sin \omega t \sin \varphi_1) + (A_2 \cos \omega t \cos \varphi_2 - A_2 \sin \omega t \sin \varphi_2)$$
$$= (A_1 \cos \varphi_1 + A_2 \cos \varphi_2) \cos \omega t - (A_1 \sin \varphi_1 + A_2 \sin \varphi_2) \sin \omega t$$
$$= a \cos \omega t - b \sin \omega t$$
$$= A(\cos \omega t \cos \varphi - \sin \omega t \sin \varphi).$$

Zuletzt wurde (4.22) benutzt. Wendet man auf die letzte Zeile wiederum das Additionstheorem für cos an, so folgt (4.23).

---

[5]) Die Überlagerung harmonischer Schwingungen unterschiedlicher Kreisfrequenzen ist i.allg. keine harmonische Schwingung.

4.4   Ergänzungen und weitere Beispiele

Wir fragen nach Lösungen $x \in \mathbb{R}$ der quadratischen Gleichung

$$x^2 + px + q = 0 \quad (p, q \in \mathbb{R}, \text{ gegeben.}) \tag{4.24}$$

Mit der binomischen Formel (2.14) bestätigt man die Umformung

$$x^2 + px + q = \left(x + \frac{p}{2}\right)^2 - \left[\left(\frac{p}{2}\right)^2 - q\right], \tag{4.25}$$

die man als *quadratische Ergänzung* bezeichnet. Wir setzen

$$t := x + \frac{p}{2} \quad \text{und} \quad d := \left(\frac{p}{2}\right)^2 - q.$$

Für $d \geq 0$ ist $d = (\sqrt{d})^2$; aus (4.25) folgt daher mit (2.15)

$$x^2 + px + q = t^2 - (\sqrt{d})^2 = (t + \sqrt{d})(t - \sqrt{d}), \quad \text{falls } d \geq 0.$$

Hieraus liest man ab:

> *Die quadratische Gleichung (4.24)*
>
> - *hat im Falle $d \geq 0$ die Lösungen $x = x_{1/2} := -\frac{p}{2} \mp \sqrt{d}$,*
>   *und es gilt $x^2 + px + q = (x - x_1)(x - x_2)$ für jedes $x \in \mathbb{R}$,*
>
> - *hat im Falle $d < 0$ keine Lösung $x \in \mathbb{R}$.*

(4.26)

In Bild 4.23 sind die verschiedenen Fälle durch Lage des Graphen der Funktion
$f(x) = x^2 + px + q$ zur x-Achse veranschaulicht.

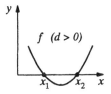 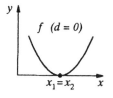 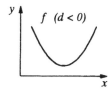

Bild 4.23

Beispiel 4.13   Gesucht sind alle $x \in \mathbb{R}$, die der Ungleichung

$$x^2 - 2x - 3 > 3 - x \tag{4.27}$$

genügen. Wegen $x^2 - 2x - 3 > 3 - x \iff x^2 - x - 6 > 0$ betrachten wir zunächst die
Gleichung $x^2 - x - 6 = 0$, die nach (4.26) die Lösungen $x_1 = -2$ und $x_2 = 3$ hat. Hiermit gilt
$x^2 - x - 6 = (x + 2)(x - 3)$ und daher

$$x^2 - 2x - 3 > 3 - x \iff (x + 2)(x - 3) > 0 \iff x < -2 \wedge x > 3.$$

Die Lösungsmenge der Ungleichung (4.27) ist also die Menge $(-\infty, -2) \cup (3, +\infty)$.

Bild 4.24 zeigt die **Betragsfunktion** (vgl. (2.9))

$$f(x) = |x| = \begin{cases} x, & \text{falls } x \geq 0, \\ -x, & \text{falls } x < 0. \end{cases}$$

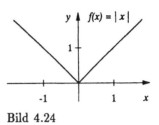

Hiermit ist z. B.

$$g(x) = |\sin x| = \begin{cases} \sin x, & \text{falls } \sin x \geq 0, \\ -\sin x, & \text{falls } \sin x < 0, \end{cases}$$

Bild 4.24

so daß das Bild der Funktion g aus der Sinuskurve hervorgeht, indem man deren unterhalb der x-Achse gelegene Teile "hochklappt" (Bild 4.25). Man vergleiche dies mit der Funktion

$$h(x) = \sin |x| = \begin{cases} \sin x, & \text{falls } x \geq 0, \\ \sin(-x) = -\sin x, & \text{falls } x < 0 \text{ (Bild 4.26)}. \end{cases} \tag{4.28}$$

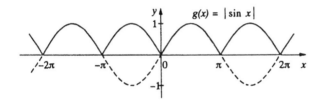

Bild 4.25

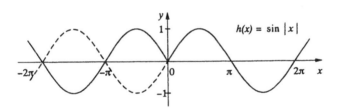

Bild 4.26

Im Hinblick auf das folgende Beispiel erinnern wir an die Formel (4.2):

$$\sqrt{x^2} = |x| \quad \text{für jedes} \quad x \in \mathbb{R}. \tag{4.29}$$

Beispiel 4.14   Gesucht sind alle Lösungen $x \in \mathbb{R}$ der Gleichung

$$\sqrt{7 - 2x} = 2 - x. \tag{4.30}$$

Folgende Rechnung wird man durchführen:

$$\sqrt{7 - 2x} = 2 - x \Longrightarrow 7 - 2x = (2 - x)^2, \tag{4.31}$$

$$7 - 2x = (2 - x)^2 \Longleftrightarrow x^2 - 2x - 3 = 0 \Longleftrightarrow x = x_1 := -1 \vee x = x_2 := 3. \tag{4.32}$$

Man beachte, daß die Umformung in (4.31) keine Äquivalenz ($\Longleftrightarrow$) ist, denn in umgekehrter Richtung gilt wegen (4.29): $7 - 2x = (2-x)^2 \Longrightarrow \sqrt{7 - 2x} = |2-x|$. Aus (4.31) und (4.32) folgt also lediglich, daß als Lösungen von (4.30) nur die Werte $x_1 = -1$ und $x_2 = 3$ in Betracht kommen. Um festzustellen, ob diese Werte tatsächlich Lösungen sind, muß man sie in die Gleichung (4.30) einsetzen:

$$\sqrt{7-2x_1} = 3 = 2 - x_1, \quad \sqrt{7-2x_2} = 1 \neq -1 = 2 - x_2.$$

Somit ist $x = x_1 = -1$ die einzige Lösung von (4.30).

Beispiel 4.15 Es sind alle Lösungen $x \in \mathbb{R}$ der Gleichung

$$\cos(3x) = 0,4 \tag{4.33}$$

zu bestimmen. Wir setzen $t := 3x$ und ermitteln zuerst alle im Intervall $[0, 2\pi]$ gelegenen Lösungen t der Gleichung $\cos t = 0,4$:

$$\cos t = 0,4 \wedge t \in [0, \pi] \quad \Longleftrightarrow \quad t = \arccos 0,4 = 1,1592 \quad \text{(vgl. (4.21))},$$

$$\cos t = 0,4 \wedge t \in (\pi, 2\pi] \quad \Longleftrightarrow \quad t = 2\pi - \arccos 0,4 = 5,1239 \quad \text{(vgl. Bsp. 4.12)}.$$

Sämtliche Lösungen t von $\cos t = 0,4$ ergeben sich hieraus auf Grund der 2π-Periodizität der Funktion $f(t) = \cos t$:

$$t = t_{1k} := 1,1592 + 2k\pi, \ t = t_{2k} := 5,1239 + 2k\pi, \ k \text{ ganz}.$$

Hiermit erhalten wir schließlich alle Lösungen $x = t/3$ der Gleichung (4.33):

$$x = x_{1k} := 0,3864 + \frac{2}{3}k\pi, \ x = x_{2k} := 1,7080 + \frac{2}{3}k\pi, \ k \text{ ganz}.$$

Potenz-, Exponential- und trigonometrische Funktionen sowie deren Umkehrfunktionen nennt man **Grundfunktionen**. Jede Funktion, die aus den Grundfunktionen und Konstanten durch die Grundrechenarten und das Bilden mittelbarer Funktionen in endlich vielen Schritten erzeugt werden kann, heißt **elementare Funktion**. Zum Beispiel ist

$$f(x) = [\cos(x^2) + 3] \cdot (\ln x)^{-\frac{1}{2}} - 2e^{\sin x}$$

eine elementare Funktion mit dem natürlichen Definitionsbereich $D_f = (1, +\infty)$ (beachte $\ln x > 0$ für $x > 1$).

Gemäß (4.29) ist die Betragsfunktion eine elementare Funktion, und hiermit sind z. B. auch die Funktionen $g(x) = |\sin x|$ und $h(x) = \sin |x|$ elementar.

Naturvorgänge und technische Prozesse können häufig durch geeignet "zusammengesetzte" elementare Funktionen beschrieben werden.

Beispiel 4.16 Die Funktion (Bild 4.27)

$$f(t) = \begin{cases} \cos t & \text{für} \quad t \leq 0, \\ e^{-t/8} \cos t & \text{für} \quad t > 0 \end{cases}$$

beschreibt eine Schwingung, die für $t \leq 0$ harmonisch ist und für $t > 0$ exponentiell abfällt.

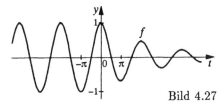

Bild 4.27

5 Vektoren

5.1 Grundbegriffe

Viele Dinge des täglichen Lebens lassen sich durch eine einzige Zahl quantifizieren, z. B. der Preis einer Ware, die Länge einer Strecke, die Masse eines Steins. Zur Beschreibung einer Kraft, die man benötigt, um eine Masse vom Punkt A zum Punkt A' zu bewegen, reicht eine einzige Zahl nicht aus; denn neben der Stärke, die diese Kraft besitzen muß, ist auch die Richtung von A nach A', in der die Kraft zu wirken hat, von Wichtigkeit. Und schließlich muß ausgedrückt werden, daß die Kraft die Masse von A nach A' und nicht etwa von A' nach A bewegt.

Um diese drei Charakteristika auszudrücken, stellt man die Kraft durch einen **Pfeil** (man stelle sich ihn als Verschiebung des Punktes A nach A' vor) dar, den man mit $\overrightarrow{AA'}$ bezeichnet. Dabei ist die Länge des Pfeils proportional zur Stärke der Kraft, die Lage des Pfeils gibt die Richtung und die Pfeilspitze den Richtungssinn der Kraftwirkung an (Bild 5.1).

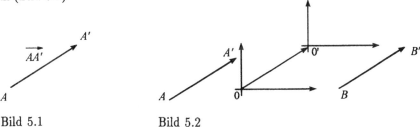

Bild 5.1   Bild 5.2

Ganz analoge Sachverhalte treten in der Geometrie auf, z. B. dann, wenn man einen Punkt längs einer Geraden oder wenn man ein ganzes Koordinatensystem parallel zu sich selbst verschiebt. Der Pfeil, durch den der alte in den neuen Koordinatenursprung verschoben wird, bewirkt gleichzeitig - indem man ihn zu sich selbst parallel verschoben denkt - die Verschiebung *aller* Punkte der Ebene (Bild 5.2). So liegt es nahe, alle diese Verschiebungspfeile durch einen einzigen zu repräsentieren. Man nennt ihn **Vektor** und versteht darunter die Gesamtheit aller gleichlangen, gleichgerichteten und gleichorientierten Pfeile, und jeder solche Pfeil ist ein Repräsentant des Vektors. Vektoren werden durch kleine lateinische Buchstaben mit einem darübergesetzten Pfeil bezeichnet: $\vec{a}, \vec{b}, \vec{c}, \ldots$ Für den **Betrag** des Vektors $\vec{a}$ schreibt man $|\vec{a}|$ und versteht darunter die Länge eines beliebigen, den Vektor $\vec{a}$ repräsentierenden Pfeils. Vektoren der Länge 1 heißen **Einheitsvektoren**. Der zu $\vec{a}$ gehörige Einheitsvektor ist $\dfrac{\vec{a}}{|\vec{a}|}$.

Man versteht unter

$$\vec{c} = \vec{a} + \vec{b}$$

die Verschiebung, die durch Hintereinanderausführung der Verschiebungen $\vec{a}$ und $\vec{b}$ entsteht (Bild 5.3 a).

Den Vektor, der die durch $\vec{b}$ bewirkte Verschiebung rückgängig macht, nennt man $-\vec{b}$. Unter

$$\vec{d} = \vec{a} - \vec{b}$$

versteht man die Hintereinanderausführung von $\vec{a}$ und $-\vec{b}$ (Bild 5.3 b). Der Vektor, der keine Verschiebung bewirkt,

$$\vec{0} = \vec{a} - \vec{a},$$

heißt **Nullvektor**.

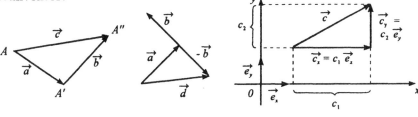

Bild 5.3a   Bild 5.3b   Bild 5.4

Es sei $\lambda \in \mathbb{R}$ gegeben. Dann bedeutet $\lambda\vec{a}$ das λ-fache Hintereinanderausführen der Verschiebung $\vec{a}$. Ist $\vec{b} = \lambda\vec{a}$, dann sind $\vec{a}$ und $\vec{b}$ zueinander

$$\begin{cases} \text{parallel, falls } \lambda > 0, \\ \text{antiparallel, falls } \lambda < 0, \end{cases} \quad \text{und es ist } |\vec{b}| = |\lambda\vec{a}| = |\lambda||\vec{a}|. \tag{5.1}$$

Ferner ergeben sich anschaulich folgende Rechenregeln:

$$\begin{array}{rclrcl} \vec{a} + \vec{b} &=& \vec{b} + \vec{a}, & \vec{a} + (\vec{b} + \vec{c}) &=& (\vec{a} + \vec{b}) + \vec{c}, \\[2mm] \lambda\vec{a} &=& \vec{a}\lambda, & (\lambda + \mu)\vec{a} &=& \lambda\vec{a} + \mu\vec{a}, \\[2mm] \lambda(\mu\vec{a}) &=& (\lambda\mu)\vec{a}, & \lambda(\vec{a} + \vec{b}) &=& \lambda\vec{a} + \lambda\vec{b}, \quad \lambda, \mu \in \mathbb{R}. \end{array} \tag{5.2}$$

5.2   Vektoren im kartesischen Koordinatensystem

Gegeben sei ein kartesisches Koordinatensystem **in der Ebene** (vgl. Abschnitt 6.2.1). Mit Einführung der x- und y-Achse sind diese beiden Richtungen besonders ausgezeichnet. Wir nennen den

in die Richtung der $\begin{cases} x - \text{Achse} \\ y - \text{Achse} \end{cases}$ weisenden Einheitsvektor $\begin{cases} \vec{e}_x \\ \vec{e}_y \end{cases}$ (Bild 5.4).

So wie man im vorigen Abschnitt einen Vektor $\vec{c}$ als Summe der beiden Vektoren $\vec{a}$ und $\vec{b}$ erhielt (Bild 5.3 a), kann man sich *jeden* Vektor der Ebene als Summe zweier *achsenparalleler* Vektoren entstanden denken:

$\vec{c} = \vec{c}_x + \vec{c}_y$, wobei $\begin{cases} \vec{c}_x \\ \vec{c}_y \end{cases}$ parallel zu $\begin{cases} \vec{e}_x \\ \vec{e}_y \end{cases}$ ist und somit als $\begin{cases} \vec{c}_x = c_1\vec{e}_x \\ \vec{c}_y = c_2\vec{e}_y \end{cases}$

mit geeigneten Konstanten $c_1, c_2 \in \mathbb{R}$ dargestellt werden kann (Bild 5.4).
Diese Konstanten c_1, c_2 sind durch das zugrunde gelegte kartesische Koordinatensystem eindeutig bestimmt. Würde man $\vec{c}$ in einem $\tilde{x}, \tilde{y}$-Koordinatensystem mit den achsenparallelen Einheitsvektoren $\vec{e}_{\tilde{x}} \neq \vec{e}_x, \vec{e}_{\tilde{y}} \neq \vec{e}_y$ nach

$$\vec{c} = \vec{c}_{\tilde{x}} + \vec{c}_{\tilde{y}} \quad \text{mit} \quad \vec{c}_{\tilde{x}} = \tilde{c}_1 \vec{e}_{\tilde{x}}, \ \vec{c}_{\tilde{y}} = \tilde{c}_2 \vec{e}_{\tilde{y}}$$

zerlegen, so gälte i. allg. $\tilde{c}_1 \neq c_1$, $\tilde{c}_2 \neq c_2$.
Bezieht man sich stets auf dasselbe durch $\vec{e}_x, \vec{e}_y$ und den Ursprung 0 festgelegte kartesische Koordinatensystem, so schreibt man statt

$$\vec{c} = c_1 \vec{e}_x + c_2 \vec{e}_y \quad \text{auch} \quad \vec{c} = \begin{pmatrix} c_1 \\ c_2 \end{pmatrix},$$

d..h., man identifiziert den (geometrischen) Vektor $\vec{c}$ mit dem (algebraischen) **Spaltenvektor** $\begin{pmatrix} c_1 \\ c_2 \end{pmatrix}$. Letzteren schreibt man auch in der Form $(c_1, c_2)^T$.

Zwei Vektoren $\vec{a} = \begin{pmatrix} a_1 \\ a_2 \end{pmatrix}$ und $\vec{b} = \begin{pmatrix} b_1 \\ b_2 \end{pmatrix}$ sind genau dann einander gleich, wenn ihre Zerlegungen nach $\vec{e}_x, \vec{e}_y$ übereinstimmen, d. h.

$$\vec{a} = \vec{b} \Longleftrightarrow a_1 = b_1 \wedge a_2 = b_2.$$

Für die Einheitsvektoren $\vec{e}_x, \vec{e}_y$ des Koordinatensystems ergibt sich wegen

$$\vec{e}_x = 1 \cdot \vec{e}_x + 0 \cdot \vec{e}_y, \quad \vec{e}_y = 0 \cdot \vec{e}_x + 1 \cdot \vec{e}_y$$

die Darstellung

$$\vec{e}_x = \begin{pmatrix} 1 \\ 0 \end{pmatrix}, \quad \vec{e}_y = \begin{pmatrix} 0 \\ 1 \end{pmatrix}. \tag{5.3}$$

Jeder Punkt P der Ebene mit den Koordinaten x und y kann nun durch $\vec{r} = x\vec{e}_x + y\vec{e}_y = \begin{pmatrix} x \\ y \end{pmatrix}$, den sogenannten **Ortsvektor** von P, dargestellt werden (Bild 5.5).

Den durch die Punkte $P_1(x_1, y_1)$ und $P_2(x_2, y_2)$ festgelegten Vektor $\vec{a}$ kann man als Differenzvektor der zu P_2 bzw. P_1 gehörigen Ortsvektoren interpretieren und erhält (Bild 5.6)

$$\vec{a} = \begin{pmatrix} a_1 \\ a_2 \end{pmatrix} = \overrightarrow{P_1 P_2} = \begin{pmatrix} x_2 - x_1 \\ y_2 - y_1 \end{pmatrix}. \tag{5.4}$$

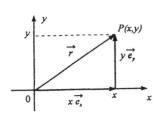

Bild 5.5

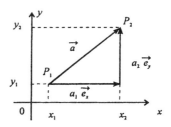

Bild 5.6

Der **Betrag** des Vektors $\vec{c} = \begin{pmatrix} c_1 \\ c_2 \end{pmatrix}$ ergibt sich nach dem Satz des Pythagoras zu (Bild 5.4)

$$|\vec{c}| = \sqrt{c_1^2 + c_2^2}. \tag{5.5}$$

Für den Betrag des Vektors $\vec{a}$ aus (5.4) und damit den **Abstand** $\overline{P_1 P_2}$ der Punkte $P_1(x_1, y_1)$ und $P_2(x_2, y_2)$ erhält man somit

$$|\vec{a}| = \overline{P_1 P_2} = \sqrt{a_1^2 + a_2^2} = \sqrt{(x_2 - x_1)^2 + (y_2 - y_1)^2}. \tag{5.6}$$

Die bisherigen Überlegungen lassen sich unmittelbar in den 3-dimensionalen Raum mit dem kartesischen x, y, z-Koordinatensystem übertragen. Mit den in die Achsenrichtungen weisenden Einheitsvektoren

$$\vec{e}_x = \begin{pmatrix} 1 \\ 0 \\ 0 \end{pmatrix}, \quad \vec{e}_y = \begin{pmatrix} 0 \\ 1 \\ 0 \end{pmatrix}, \quad \vec{e}_z = \begin{pmatrix} 0 \\ 0 \\ 1 \end{pmatrix} \tag{5.7}$$

kann jeder beliebige Vektor $\vec{a}$ des Raumes nach

$$\vec{c} = c_1 \vec{e}_x + c_2 \vec{e}_y + c_3 \vec{e}_z \tag{5.8}$$

zerlegt werden mit geeigneten Zahlen $c_1, c_2, c_3 \in \mathbb{R}$ (Bild 5.7).
Man schreibt dies wiederum als **Spaltenvektor**

$$\vec{c} = \begin{pmatrix} c_1 \\ c_2 \\ c_3 \end{pmatrix} \text{ bzw. } \vec{c} = (c_1, c_2, c_3)^T \tag{5.9}$$

mit den **Koordinaten** c_1, c_2, c_3. Der **Ortsvektor** zum Punkt $P(x, y, z)$ ist

$$\vec{r} = (x, y, z)^T,$$

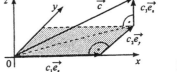

Bild 5.7

der durch die Punkte $P_1(x_1, y_1, z_1)$
und $P_2(x_2, y_2, z_2)$ festgelegte
Vektor $\vec{a}$ hat die Darstellung

$$\vec{a} = \begin{pmatrix} a_1 \\ a_2 \\ a_3 \end{pmatrix} = \begin{pmatrix} x_2 - x_1 \\ y_2 - y_1 \\ z_2 - z_1 \end{pmatrix}. \quad (5.10)$$

Der **Betrag** des Vektors $\vec{c}$ aus (5.9)
ergibt sich nach dem "räumlichen
Pythagoras" (Bild 5.7) zu

$$|\vec{c}| = \sqrt{c_1^2 + c_2^2 + c_3^2}.$$

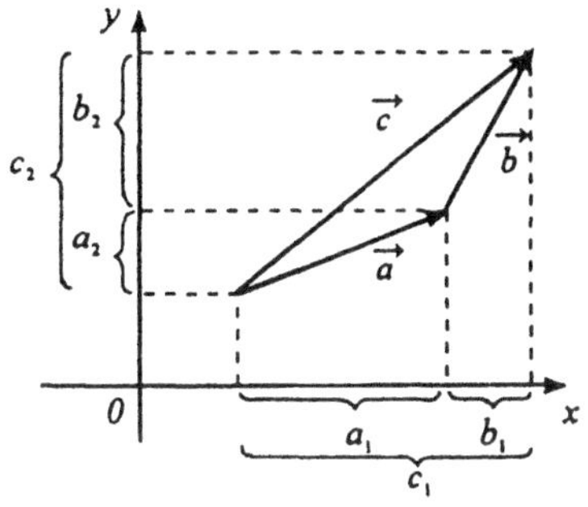

Bild 5.8

Analog erhält man für den Betrag des Vektors $\vec{a}$ aus (5.10) - und damit den **Abstand**
zweier Punkte -

$$|\vec{a}| = \overline{P_1 P_2} = \sqrt{(x_2 - x_1)^2 + (y_2 - y_1)^2 + (z_2 - z_1)^2}.$$

Für die Gleichheit zweier Vektoren im Raum gilt:

$$\vec{a} = \vec{b} \iff a_1 = b_1 \wedge a_2 = b_2 \wedge a_3 = b_3.$$

Wir wenden uns abschließend der Frage zu, wie die **Multiplikation eines Vektors
mit einer Zahl** und die **Addition zweier Vektoren** im kartesischen Koordinatensystem realisiert werden können.
Stellt man den Vektor $\vec{a}$ entsprechend (5.8) als

$$\vec{a} = a_1 \vec{e}_x + a_2 \vec{e}_y + a_3 \vec{e}_z$$

dar, dann bedeutet die Multiplikation von $\vec{a}$ mit $\lambda \in \mathbb{R}$ (wir verwenden dabei die
Rechenregeln (5.2)):

$$\begin{aligned} \lambda \vec{a} &= \lambda(a_1 \vec{e}_x + a_2 \vec{e}_y + a_3 \vec{e}_z) = (\lambda a_1)\vec{e}_x + (\lambda a_2)\vec{e}_y + (\lambda a_3)\vec{e}_z \implies \quad (5.11) \\ \lambda \vec{a} &= \begin{pmatrix} \lambda a_1 \\ \lambda a_2 \\ \lambda a_3 \end{pmatrix}, \end{aligned}$$

d. h. die *koordinatenweise Multiplikation* mit λ.
Ebenso ist die Addition und Subtraktion zweier Vektoren $\vec{a}, \vec{b}$ *koordinatenweise* vor-
zunehmen (Bild 5.8 für den ebenen Fall):

$$\begin{aligned} \vec{c} &= \vec{a} \pm \vec{b} \\ &= (a_1 \vec{e}_x + a_2 \vec{e}_y + a_3 \vec{e}_z) \pm (b_1 \vec{e}_x + b_2 \vec{e}_y + b_3 \vec{e}_z) \\ &= (a_1 \pm b_1)\vec{e}_x + (a_2 \pm b_2)\vec{e}_y + (a_3 \pm b_3)\vec{e}_z \implies \\ \vec{a} \pm \vec{b} &= \begin{pmatrix} a_1 \pm b_1 \\ a_2 \pm b_2 \\ a_3 \pm b_3 \end{pmatrix}. \end{aligned} \quad (5.12)$$

Beispiel 5.1 Gegeben seien $\vec{a} = \begin{pmatrix} 2 \\ 0 \\ -1 \end{pmatrix}$, $\vec{b} = \begin{pmatrix} 1 \\ -1 \\ 3 \end{pmatrix}$. Dann ist

$$|\vec{a}| = \sqrt{2^2 + 0^2 + (-1)^2} = \sqrt{5}, \quad |\vec{b}| = \sqrt{1^2 + (-1)^2 + 3^2} = \sqrt{11},$$

$$2\vec{a} = \begin{pmatrix} 4 \\ 0 \\ -2 \end{pmatrix}, \quad 3\vec{b} = \begin{pmatrix} 3 \\ -3 \\ 9 \end{pmatrix}, \quad 2\vec{a} + 3\vec{b} = \begin{pmatrix} 7 \\ -3 \\ 7 \end{pmatrix}, \quad 2\vec{a} - 3\vec{b} = \begin{pmatrix} 1 \\ 3 \\ -11 \end{pmatrix}.$$

5.3   Das Skalarprodukt zweier Vektoren

Das **Skalarprodukt** oder **innere Produkt** der Vektoren $\vec{a}$ und $\vec{b}$, die miteinander den Winkel α bilden, ist eine *Zahl*, die wie folgt definiert ist:

$$(\vec{a}, \vec{b}) = |\vec{a}||\vec{b}| \cos\alpha, \quad \alpha \in [0; \pi]. \tag{5.13}$$

Für den Fall, daß weder $\vec{a}$ noch $\vec{b}$ der Nullvektor ist, gilt:

$$(\vec{a}, \vec{b}) = 0 \Longleftrightarrow \vec{a}, \vec{b} \text{ sind zueinander orthogonal} \quad (\cos 90^o = 0). \tag{5.14}$$

Ferner ist

$$(\vec{a}, \vec{b}) = \quad |\vec{a}||\vec{b}| \quad \Longleftrightarrow \vec{a}, \vec{b} \ \text{ sind zueinander parallel } (\cos 0^o = 1);$$
$$(\vec{a}, \vec{b}) = \ -|\vec{a}||\vec{b}| \quad \Longleftrightarrow \vec{a}, \vec{b} \ \text{ sind zueinander antiparallel } (\cos 180^o = -1).$$

Insbesondere ist $(\vec{a}, \vec{a}) = |\vec{a}|^2$ (da $\alpha = 0^o$), so daß gilt

$$|\vec{a}| = \sqrt{(\vec{a}, \vec{a})}. \tag{5.15}$$

Bild 5.9 a, b veranschaulicht, daß bei der Berechnung des Skalarproduktes *nicht* das Produkt der Längen von $\vec{a}$ und $\vec{b}$ gebildet, sondern

$|\vec{b}|$ mit der *Projektion von $\vec{a}$ auf $\vec{b}$* bzw.
$|\vec{a}|$ mit der *Projektion von $\vec{b}$ auf $\vec{a}$*

multipliziert wird. Dabei erhält man z. B. die **Projektion von $\vec{a}$ auf $\vec{b}$** als Skalarprodukt von $\vec{a}$ mit dem Einheitsvektor von $\vec{b}$:

$$|\vec{a}| \cos\alpha = \left(\vec{a}, \frac{\vec{b}}{|\vec{b}|} \right).$$

Analog ist

$$|\vec{b}| \cos\alpha = \left(\vec{b}, \frac{\vec{a}}{|\vec{a}|} \right)$$

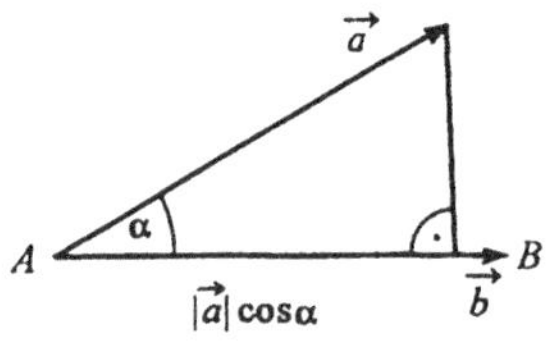

Bild 5.9a 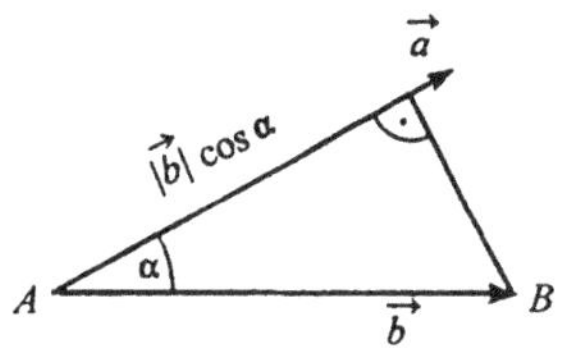   Bild 5.9b

die **Projektion von** $\vec{b}$ **auf** $\vec{a}$.

Beispiel 5.2 Eine Kraft $\vec{F}$ bringt eine Masse m von A nach B. Dabei leistet nur diejenige Komponente von $\vec{F}$ Arbeit, die parallel zu $\vec{b}$, der Richtung von A nach B, wirkt. Somit ist die von $\vec{F}$ auf dem gradlinigen Weg von A nach B geleistete Arbeit W über das Skalarprodukt berechenbar: $W = (\vec{F}, \vec{b})$.

Folgende **Eigenschaften des Skalarprodukts** ergeben sich unmittelbar aus der Definition (5.13) bzw. aus der geometrischen Interpretation (Bild 5.9):

$$
\begin{aligned}
(\vec{a}, \vec{b}) &= (\vec{b}, \vec{a}) \\
(\lambda\vec{a}, \vec{b}) &= (\vec{a}, \lambda\vec{b}) = \lambda(\vec{a}, \vec{b}), \ \lambda \in \mathbb{R} \\
(\vec{a} + \vec{c}, \vec{b}) &= (\vec{a}, \vec{b}) + (\vec{c}, \vec{b})
\end{aligned}
\tag{5.16}
$$

Beweis der dritten Gleichung von (5.16):
Definition (5.13) und Bild 5.10 entnimmt man:

$$(\vec{a}, \vec{b}) + (\vec{c}, \vec{b}) = |\vec{b}||\vec{a}| \cos\alpha + |\vec{b}||\vec{c}| \cos\beta$$

$$= |\vec{b}|(|\vec{a}| \cos\alpha + |\vec{c}| \cos\beta)$$

$$= |\vec{b}||\vec{a} + \vec{c}| \cos\gamma = (\vec{a} + \vec{c}, \vec{b}).$$

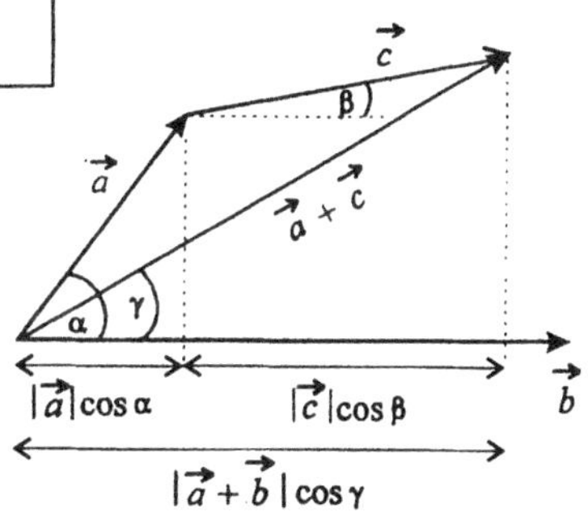

Bild 5.10

Im kartesischen Koordinatensystem ergibt sich für das Skalarprodukt der Vektoren
$\vec{a} = \begin{pmatrix} a_1 \\ a_2 \\ a_3 \end{pmatrix}$ und $\vec{b} = \begin{pmatrix} b_1 \\ b_2 \\ b_3 \end{pmatrix}$ folgende Berechnungsvorschrift:

$$(\vec{a}, \vec{b}) = a_1 b_1 + a_2 b_2 + a_3 b_3. \tag{5.17}$$

Beweis: Es ist

$$
\begin{aligned}
(\vec{a}, \vec{b}) &= (a_1\vec{e}_x + a_2\vec{e}_y + a_3\vec{e}_z, b_1\vec{e}_x + b_2\vec{e}_y + b_3\vec{e}_z) \\
&= a_1(\vec{e}_x, b_1\vec{e}_x + b_2\vec{e}_y + b_3\vec{e}_z) + a_2(\vec{e}_y, b_1\vec{e}_x + b_2\vec{e}_y + b_3\vec{e}_z) \\
&\quad + a_3(\vec{e}_z, b_1\vec{e}_x + b_2\vec{e}_y + b_3\vec{e}_z) \\
&= a_1 b_1(\vec{e}_x, \vec{e}_x) + a_1 b_2(\vec{e}_x, \vec{e}_y) + a_1 b_3(\vec{e}_x, \vec{e}_z) \\
&\quad + a_2 b_1(\vec{e}_y, \vec{e}_x) + a_2 b_2(\vec{e}_y, \vec{e}_y) + a_2 b_3(\vec{e}_y, \vec{e}_z) \\
&\quad + a_3 b_1(\vec{e}_z, \vec{e}_x) + a_3 b_2(\vec{e}_z, \vec{e}_y) + a_3 b_3(\vec{e}_z, \vec{e}_z).
\end{aligned}
$$

Wegen der Orthogonalität von $\vec{e}_x, \vec{e}_y, \vec{e}_z$ ist $(\vec{e}_x, \vec{e}_y) = (\vec{e}_x, \vec{e}_z) = (\vec{e}_y, \vec{e}_z) = 0$. Ferner ist $(\vec{e}_x, \vec{e}_x) = (\vec{e}_y, \vec{e}_y) = (\vec{e}_z, \vec{e}_z) = 1$, und damit ergibt sich (5.17).

Mit den Formeln (5.13) und (5.17) läßt sich leicht der **Winkel zwischen den Vektoren** $\vec{a}$ und $\vec{b}$ im kartesischen Koordinatensystem berechnen:

$$\cos\alpha = \frac{a_1 b_1 + a_2 b_2 + a_3 b_3}{\sqrt{a_1^2 + a_2^2 + a_3^2}\,\sqrt{b_1^2 + b_2^2 + b_3^2}}.$$

(5.18)

Beispiel 5.3   Gegeben seien die Vektoren $\vec{a} = \begin{pmatrix} 1 \\ 2 \\ -1 \end{pmatrix}$, $\vec{b} = \begin{pmatrix} -1 \\ 1 \\ 1 \end{pmatrix}$, $\vec{c} = \begin{pmatrix} -3 \\ 1 \\ 2 \end{pmatrix}$.

Wegen $(\vec{a}, \vec{b}) = 1(-1) + 2 \cdot 1 + (-1)1 = 0$ sind $\vec{a}, \vec{b}$ zueinander orthogonal; für die Winkel α zwischen $\vec{a}$ und $\vec{c}$ bzw. β zwischen $\vec{b}$ und $\vec{c}$ ergibt sich:

$$\cos\alpha = \frac{-3 + 2 - 2}{\sqrt{6}\,\sqrt{14}} = -0,3487 \implies \alpha \approx 110,41^\circ,$$
$$\cos\beta = \frac{+3 + 1 + 2}{\sqrt{3}\,\sqrt{14}} = 0,9258 \implies \beta \approx 22,21^\circ.$$

Beispiel 5.4   Der **Kosinussatz** der ebenen Trigonometrie (vgl. Kap. 4.3) läßt sich mit Hilfe des Skalarproduktes wie folgt beweisen: Es ist (Bild 5.11)

$\vec{c} = \vec{b} - \vec{a}$ und somit

$$\begin{aligned} |\vec{c}|^2 &= (\vec{b} - \vec{a},\ \vec{b} - \vec{a}) \\ &= (\vec{b}, \vec{b}) - 2(\vec{a}, \vec{b}) + (\vec{a}, \vec{a}) \\ &= |\vec{b}|^2 + |\vec{a}|^2 - 2|\vec{a}||\vec{b}|\cos\gamma \end{aligned}$$

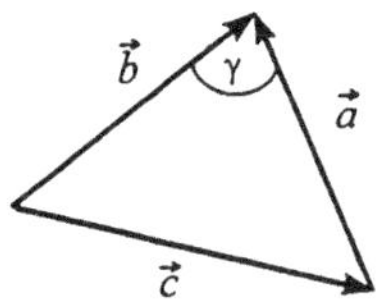

Bild 5.11

Bezeichnet man die Beträge (= Längen) der Vektoren $\vec{a}, \vec{b}, \vec{c}$ mit a, b, c, so ergibt sich unmittelbar der Kosinussatz: $c^2 = a^2 + b^2 - 2ab\cos\gamma$.

5.4   Das Vektorprodukt zweier Vektoren

Als **Vektorprodukt** oder **äußeres Produkt** oder **Kreuzprodukt**

$$\vec{v} = \vec{a} \times \vec{b}$$

definiert man denjenigen Vektor, der (Bild 5.12)

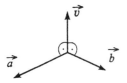

Bild 5.12

-zu $\vec{a}$ und $\vec{b}$ orthogonal ist,

-zusammen mit $\vec{a}$ und $\vec{b}$ ein Rechtssystem bildet [6])   und

-den Betrag

$$|\vec{v}| = |\vec{a} \times \vec{b}| = |\vec{a}||\vec{b}| \sin \alpha \tag{5.19}$$

hat, wobei $\alpha \in [0, \pi]$ der von $\vec{a}$ und $\vec{b}$ gebildete Winkel ist.

Aus dieser Definition ergeben sich unmittelbar die folgenden **Eigenschaften des Vektorprodukts:**

1. $(\lambda\vec{a}) \times \vec{b} = \vec{a} \times (\lambda b) = \lambda(\vec{a} \times \vec{b})$, $\lambda \in \mathbb{R}$.

2. Sind weder $\vec{a}$ noch $\vec{b}$ Nullvektoren, dann gilt:
   $\vec{a} \times \vec{b} = \vec{0} \Longleftrightarrow \vec{a} = \lambda\vec{b}$ mit $\lambda \in \mathbb{R}$, d. h. $\vec{a}, \vec{b}$ sind parallel oder antiparallel.

3. $\vec{a} \times \vec{b} = -\vec{b} \times \vec{a}$ (folgt aus der Forderung des Rechtssystems).

4. $(\vec{a} + \vec{c}) \times \vec{b} = \vec{a} \times \vec{b} + \vec{c} \times \vec{b}$.

5. $|\vec{a} \times \vec{b}|$ ist der Flächeninhalt des von $\vec{a}$ und $\vec{b}$ aufgespannten Parallelogrammes (vgl. (5.19) und Bild 5.13).

6. Das Vektorprodukt zweier in der x, y-Ebene liegender Vektoren ist parallel zu $\vec{e}_z$.

Im kartesischen Koordinatensystem gilt für das Vektorprodukt von

$$\vec{a} = \begin{pmatrix} a_1 \\ a_2 \\ a_3 \end{pmatrix} \text{ und } \vec{b} = \begin{pmatrix} b_1 \\ b_2 \\ b_3 \end{pmatrix}:$$

Bild 5.13

$$\vec{a} \times \vec{b} = \begin{pmatrix} a_2 b_3 - a_3 b_2 \\ a_3 b_1 - a_1 b_3 \\ a_1 b_2 - a_2 b_1 \end{pmatrix} \tag{5.20}$$

Beweis: Nach Eigenschaft 1) und 4) ist

$$\begin{aligned}
\vec{a} \times \vec{b} &= (a_1\vec{e}_x + a_2\vec{e}_y + a_3\vec{e}_z) \times (b_1\vec{e}_x + b_2\vec{e}_y + b_3\vec{e}_z) \\
&= a_1 b_1(\vec{e}_x \times \vec{e}_x) + a_1 b_2(\vec{e}_x \times \vec{e}_y) + a_1 b_3(\vec{e}_x \times \vec{e}_z) \\
&\quad + a_2 b_1(\vec{e}_y \times \vec{e}_x) + a_2 b_2(\vec{e}_y \times \vec{e}_y) + a_2 b_3(\vec{e}_y \times \vec{e}_z) \\
&\quad + a_3 b_1(\vec{e}_z \times \vec{e}_x) + a_3 b_2(\vec{e}_z \times \vec{e}_y) + a_3 b_3(\vec{e}_z \times \vec{e}_z).
\end{aligned}$$

---

[6]) D. h., weist der Daumen der rechten Hand in die Richtung von $\vec{a}$, ihr Zeigefinger in die Richtung von $\vec{b}$, dann weist $\vec{v}$ in die Richtung des abgewinkelten Mittelfingers der rechten Hand.

Wegen $\vec{e}_x \times \vec{e}_x = \vec{e}_y \times \vec{e}_y = \vec{e}_z \times \vec{e}_z = \vec{0}$, $\vec{e}_x \times \vec{e}_y = \vec{e}_z$, $\vec{e}_y \times \vec{e}_z = \vec{e}_x$, $\vec{e}_z \times \vec{e}_x = \vec{e}_y$ und Eigenschaft 3) ergibt sich unmittelbar (5.20).

Beispiel 5.5   Für

$$\vec{a} = \begin{pmatrix} 1 \\ 2 \\ -2 \end{pmatrix},\ \vec{b} = \begin{pmatrix} -2 \\ 3 \\ 4 \end{pmatrix} \text{ ist } \vec{a} \times \vec{b} = \begin{pmatrix} 2 \cdot 4 & - & (-2)3 \\ -2(-2) & - & 1 \cdot 4 \\ 1 \cdot 3 & - & 2(-2) \end{pmatrix} = \begin{pmatrix} 14 \\ 0 \\ 7 \end{pmatrix}.$$

$\vec{a}, \vec{b}$ spannen ein Parallelogramm mit dem Flächeninhalt $A = |\vec{a} \times \vec{b}| = \sqrt{14^2 + 0^2 + 7^2} = \sqrt{245} = 7\sqrt{5}$ auf.

Beispiel 5.6   Greift an einen starren Körper, der um eine durch den Punkt 0 verlaufende feste Achse drehbar ist, die Kraft $\vec{F}$ an, dann erzeugt sie das Drehmoment

$$\vec{M} = \vec{r} \times \vec{F}.$$

Dabei ist $\vec{r}$ der vom Punkt 0 zum Angriffspunkt der Kraft weisende Vektor. Ist z. B. $\vec{r} = (2, 3, 0)^T$ ($|\vec{r}|$ gemessen in m), dann erzeugt die Kraft $\vec{F} = (1, 4, 0)^T$ ($|\vec{F}|$ gemessen in N) das Drehmoment

$$\vec{M} = \begin{pmatrix} 3 \cdot 0 & - & 0 \cdot 4 \\ 0 \cdot 1 & - & 2 \cdot 0 \\ 2 \cdot 4 & - & 3 \cdot 1 \end{pmatrix} = \begin{pmatrix} 0 \\ 0 \\ 5 \end{pmatrix}, \quad \text{und es ist } M = |\vec{M}| = 5 \text{ Nm}.$$

6 Geometrie

6.1 Elementare ebene Geometrie

Sowohl in der Darstellenden Geometrie - die bekanntlich in zahlreichen Studiengängen zur Grundausbildung gehört - als auch bei vielen analytischen Überlegungen und technischen Anwendungen muß man auf Beziehungen der elementaren Geometrie zurückgreifen. Einige wichtige Aussagen der elementaren Geometrie werden in diesem Abschnitt zusammengestellt und ihre Anwendung an einigen Beispielen demonstriert.

6.1.1 Winkelbeziehungen an sich schneidenden Geraden

Beim Schnitt zweier Geraden entstehen die 4 Winkel $\alpha, \beta, \gamma, \delta$ (Bild 6.1).

α und β bzw. γ und δ heißen zueinander gehörige **Scheitelwinkel**.

Es gilt die

Aussage: *Zueinander gehörige Scheitelwinkel sind gleich.*

In Bild 6.1 ist also $\alpha = \beta$ und $\gamma = \delta$.

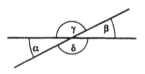

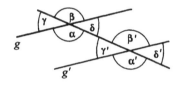

Bild 6.1   Bild 6.2

Schneidet man ein Paar *paralleler Geraden* g, g' mit einer dritten Geraden, so entstehen die 8 Winkel $\alpha, \beta, \gamma, \delta, \alpha', \beta', \gamma', \delta'$ (Bild 6.2).

β und γ, α und δ, β' und γ', α' und δ'

sowie

α und γ, β und δ, α' und γ', β' und δ'

heißen **Supplementwinkel**.

Es gilt die

Aussage: *Supplementwinkel ergänzen einander zu 180°.*

Somit ist $\beta + \gamma = \alpha + \delta = \alpha + \gamma = \beta + \delta = \beta' + \gamma' = \alpha' + \delta' = \alpha' + \gamma' = \beta' + \delta' = 180°$.

α und α' bzw. β und β' bzw. γ und γ' bzw. δ und δ'
heißen zueinander gehörige **Stufenwinkel** an g, g'.

α und β' bzw. β und α' bzw. γ und δ' bzw. δ und γ'
heißen zueinander gehörige **Wechselwinkel** an g, g'.

α und γ' bzw. β und δ' bzw. γ und α' bzw. δ und β'
heißen zueinander gehörige **entgegengesetzt liegende** Winkel an g, g'.

Es gelten die

Aussagen: *Stufenwinkel sind einander gleich.*
Wechselwinkel sind einander gleich.
Entgegengesetzt liegende Winkel ergänzen sich zu 180°.

Somit ist in Bild 6.2

$$\alpha = \alpha',\ \beta = \beta',\ \gamma = \gamma',\ \delta = \delta';\ \alpha = \beta',\ \beta = \alpha',\ \gamma = \delta',\ \delta = \gamma';$$
$$\alpha + \gamma' = \beta + \delta' = \gamma + \alpha' = \delta + \beta' = 180°.$$

Beispiel 6.1   Gesucht sind der Radius $\bar{R}$ und der Umfang U des nördlichen Polarkreises
(geographische Breite $\varphi = 66{,}5°$).
Bild 6.3 zeigt einen Querschnitt des Globus mit dem Erdradius R (≈ 6371 km), dem man die
Beziehung $\bar{R} : R = \cos\varphi'$ entnimmt. Da φ und φ' Wechselwinkel sind, erhält man für den
Polarkreisradius $\bar{R} = R \cdot \cos\varphi \approx 2540$ km und hiermit für den Polarkreisumfang $U = 2\pi\bar{R} \approx$
15 962 km.

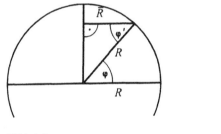

Bild 6.3

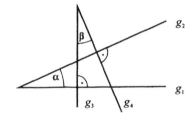

Bild 6.4

Bilden g_1, g_2 die Schenkel des Winkels α, g_3, g_4 die Schenkel des Winkels β und stehen
die Schenkel von α und β paarweise senkrecht aufeinander, dann gilt $\alpha = \beta$ (Bild 6.4).

Beispiel 6.2   Befindet sich ein Massenpunkt m
auf einer schiefen Ebene mit dem Anstiegswinkel α,
dann wird der auf m wirkende Vektor der Schwer-
kraft in eine parallel und eine senkrecht zur schiefen
Ebene wirkende Komponente zerlegt. Die Beträge
dieser Komponenten lassen sich leicht ermitteln,
da $\beta = \alpha$ ist (Bild 6.5):

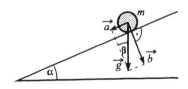

$$|\vec{a}| = |\vec{g}| \sin\alpha,$$

$$|\vec{b}| = |\vec{g}| \cos\alpha.$$

Bild 6.5

6.1.2 Die Strahlensätze

Wird ein Büschel von Geraden von Parallelen geschnitten (Bild 6.6), dann gelten folgende Proportionen:

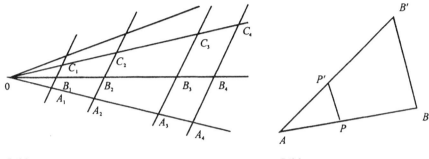

Bild 6.6   Bild 6.7

$$\overline{0A_1} : \overline{0A_2} : \overline{0A_3} : \ldots = \overline{0B_1} : \overline{0B_2} : \overline{0B_3} : \ldots = \overline{0C_1} : \overline{0C_2} : \overline{0C_3} : \ldots$$
(1. Strahlensatz)

$$\overline{0A_1} : \overline{0A_2} : \overline{0A_3} : \ldots = \overline{A_1B_1} : \overline{A_2B_2} : \overline{A_3B_3} : \ldots = \overline{A_1C_1} : \overline{A_2C_2} : \overline{A_3C_3} : \ldots$$
(2. Strahlensatz)

Dabei ist es belanglos, ob alle Parallelen auf derselben Seite des Punktes 0 liegen oder nicht.

Aus diesen Proportionen ergeben sich unmittelbar u. a. die folgenden:

$$\overline{0A_1} : \overline{0B_1} : \overline{0C_1} : \ldots = \overline{0A_2} : \overline{0B_2} : \overline{0C_2} : \ldots = \overline{0A_3} : \overline{0B_3} : \overline{0C_3} : \ldots$$

$$\overline{0B_1} : \overline{0B_2} : \overline{0B_3} : \ldots = \overline{B_1C_1} : \overline{B_2C_2} : \overline{B_3C_3} : \ldots$$

Beispiel 6.3 Eine Strecke $\overline{AB}$ soll durch den Punkt P im Verhältnis $a : b$ geteilt werden (innere Teilung).

Lösung: Um den Punkt P zu finden, der der Forderung $\overline{AP} : \overline{PB} = a : b$ genügt, trägt man auf einem von A ausgehenden Strahl die Strecken $a = \overline{AP'}$ und $b = \overline{P'B'}$ ab (Bild 6.7) und verbindet B' mit B. Die Parallele zu $\overline{BB'}$ durch P' schneidet $\overline{AB}$ im gesuchten Punkt P.

Beispiel 6.4 In einen Kreiskegel mit Radius R und Höhe H soll ein Zylinder Z maximalen Volumens einbeschrieben werden. Um den Radius r und die Höhe h dieses Zylinders mit der Theorie der Extremwerte von Funktionen einer reellen Variablen ermitteln zu können, ist das Volumen V von Z allein in Abhängigkeit von h anzugeben.

Lösung: Es ist $V = \pi r^2 h$. Nach dem 2. Strahlensatz gilt (Bild 6.8)

$$(H - h) : H = r : R.$$

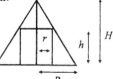

Somit ist $r = \frac{R(H-h)}{H}$ und $V = \pi \frac{R^2(H-h)^2}{H^2} h.$

Bild 6.8

6.1.3   Sätze für beliebige Dreiecke

Kongruenzsätze

Dreiecke sind genau dann **kongruent** (= deckungsgleich), wenn sie

     in allen 3 Seiten

oder   in 2 Seiten und dem eingeschlossenen Winkel

oder   in 2 Seiten und dem der größeren Seite gegenüberliegenden Winkel

übereinstimmen.

Ähnlichkeitssätze

Dreiecke sind genau dann **zueinander ähnlich,** wenn sie

     im Verhältnis der Seiten

oder   im Verhältnis zweier Seiten und dem eingeschlossenen Winkel

oder   im Verhältnis zweier Seiten und dem der größeren dieser Seiten

     gegenüberliegenden Winkel

oder   in zwei gleichliegenden Winkeln

übereinstimmen.

In jedem Dreieck

- ist die **Winkelsumme** 180°,
- liegt der größeren von 2 Seiten der größere Winkel gegenüber,
- ist die Summe zweier Seiten größer als die dritte,
- ist eine Seite stets größer als die Differenz der beiden anderen.

Im Dreieck schneiden sich

- die Mittelsenkrechten im Mittelpunkt des Umkreises,
- die Winkelhalbierenden im Mittelpunkt des Inkreises,
- die Seitenhalbierenden im Schwerpunkt der Dreiecksfläche,
- die Höhen in einem Punkt, der innerhalb oder außerhalb des Dreiecks liegen kann
  und keine weitere Bedeutung hat.

Beispiel 6.5   Ein Heizkraftwerk H soll so gebaut werden, daß es von den Objekten A, B und C gleiche Entfernung hat (Bild 6.9).

Lösung: Man lege H in den Schnittpunkt der Mittelsenkrechten des Dreiecks ABC.

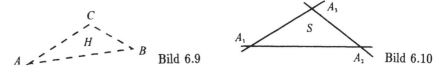

Bild 6.9   Bild 6.10

Beispiel 6.6   Der Startplatz S eines Rettungshubschraubers innerhalb eines Autobahndreiecks soll von allen drei Autobahnen A_1, A_2, A_3 denselben Abstand haben (Bild 6.10).

Lösung: Man lege S in den Schnittpunkt der Winkelhalbierenden des von A_1, A_2, A_3 gebildeten Dreiecks.

6.1.4 Sätze für rechtwinklige Dreiecke

Im rechtwinkligen Dreieck heißen die den rechten Winkel einschließenden Seiten **Katheten,** die dem rechten Winkel gegenüberliegende Seite heißt **Hypotenuse** (Bild 6.11).

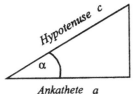

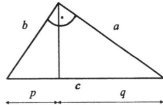

Bild 6.11

Bild 6.12

Satz des Pythagoras
(Pythagoras von Samos, 580(?)-500(?) v.Chr.)
Das Quadrat über der Hypotenuse ist gleich der Summe der Quadrate über den Katheten (Bild 6.11):

$$c^2 = a^2 + b^2.$$

Satz des Euklid (= Kathetensatz)
(Euklid von Alexandria, 365(?)-300(?) v.Chr.)
Das Quadrat über einer Kathete ist flächengleich dem Rechteck aus der Hypotenuse und der Projektion dieser Kathete auf die Hypotenuse (Bild 6.12):

$$a^2 = c \cdot q, \quad b^2 = c \cdot p.$$

Höhensatz
Das Quadrat über der Höhe auf der Hypotenuse ist flächengleich mit dem Rechteck aus den Hypotenusenabschnitten (Bild 6.12):

$$h^2 = pq.$$

Beispiel 6.7 Zur Umgehung eines Sees wurde ein Eisenbahngleis kreisbogenförmig verlegt. Zwischen zwei Punkten des Gleises wurde der Abstand 1800 m (= Sehnenlänge), als maximaler Abstand der Sehne vom Kreisbogen (= Pfeilhöhe) wurden 50 m gemessen. Wie groß ist der Radius des Kreisbogens?

Lösung: Es gilt (Bild 6.13):

$$
\begin{aligned}
x + 50 &= r \\
x^2 + 900^2 &= r^2 \\
\Rightarrow \quad (r-50)^2 + 900^2 &= r^2 \\
\Rightarrow \quad\quad\quad\quad r &= 8125\,\text{m}
\end{aligned}
$$

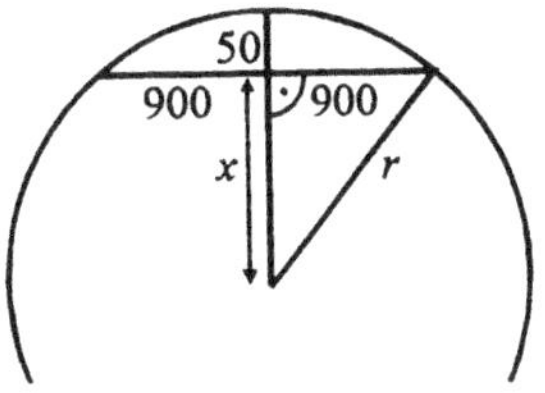

Bild 6.13

6.1.5   Sätze für den Kreis

Wir vereinbaren folgende Bezeichnungen (Bild 6.14):

Kreis   (genauer Kreisperipherie) heißt die Menge aller Punkte einer
                         Ebene, die von einem festen Punkt, dem **Kreismittelpunkt**
                         M, den konstanten Abstand **r** (**Kreisradius**) haben.

Sekante   des Kreises heißt jede Gerade, die den Kreis in zwei Punkten
                         schneidet.

Sehne   des Kreises heißt der im Innern des Kreises gelegene Abschnitt
                         der Sekante.

Tangente   des Kreises heißt jede Gerade, die den Kreis in einem Punkt
                         berührt.

Durchmesser   des Kreises heißt jede Sehne, die durch den Kreismittelpunkt
                         verläuft.

Peripheriewinkel   sind Winkel, deren Scheitelpunkt auf der Kreisperipherie liegt
                         und deren Schenkel Kreissekanten sind.

Zentriwinkel   sind Winkel, deren Scheitelpunkt der Kreismittelpunkt M ist.

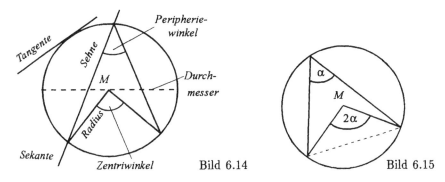

Bild 6.14   Bild 6.15

Winkelsätze am Kreis

Jeder Peripheriewinkel ist halb so groß wie der zur gleichen Sehne gehörige Zentriwinkel (Bild 6.15).

Alle Peripheriewinkel, die zur gleichen Sehne gehören, sind einander gleich (Bild 6.16).

Alle Peripheriewinkel über dem Kreisdurchmesser sind rechte Winkel (**Satz des Thales**, Thales von Milet, 624(?)-546(?) v.Chr.) (Bild 6.17).

Bild 6.16

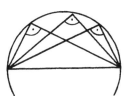

Bild 6.17

Tangenten-, Sehnen- und Sekantensätze am Kreis

Im Berührungspunkt stehen *Tangente und Radius senkrecht aufeinander* (Bild 6.18). Legt man von einem außerhalb des Kreises gelegenen Punkt P die Tangenten an den Kreis, so liegen diese *symmetrisch* zur Verbindungsgeraden von P und dem Kreismittelpunkt M (der sog. **Zentrale**) (Bild 6.18).
Folglich
- *halbiert* die Zentrale den Winkel zwischen den beiden Tangenten;
- sind die **Tangentenabschnitte** zwischen P und den Berührungspunkten *gleich lang*;
- steht die die Berührungspunkte verbindende Sehne *senkrecht auf der Zentralen* und wird von dieser *halbiert.*

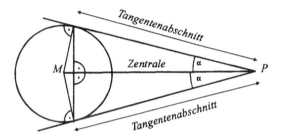

Bild 6.18

Kreissehnen gleicher Länge haben gleichen Abstand vom Kreismittelpunkt; Kreissehnen gleichen Abstands vom Kreismittelpunkt haben gleiche Länge.
Schneiden sich in einem Kreis zwei Sehnen, so ist das Produkt ihrer Abschnitte gleich (Bild 6.19):

$$\overline{A_1C} \cdot \overline{B_1C} = \overline{A_2C} \cdot \overline{B_2C} \quad \text{(\textbf{Sehnensatz}).}$$

Schneiden sich zwei Kreissekanten, die den Kreis in den Punkten A_1, A_2 bzw. B_1, B_2 schneiden, außerhalb des Kreises in einem Punkt S, dann ist (Bild 6.20)

$$\overline{SA_1} \cdot \overline{SA_2} = \overline{SB_1} \cdot \overline{SB_2} \quad \text{(\textbf{Sekantensatz}).}$$

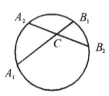

Bild 6.19

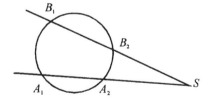

Bild 6.20

Für den Tangentenabschnitt $\overline{ST}$ und die Abschnitte jeder vom gleichen Punkt S ausgehenden Sekante des Kreises gilt (Bild 6.21):

$$\overline{SB_2} : \overline{ST} = \overline{ST} : \overline{SB_1} \quad \text{(\textbf{Sekanten – Tangenten – Satz}).}$$

In einem aus vier Kreissehnen gebildeten Viereck (= Sehnenviereck) ist die Summe zweier gegenüberliegender Winkel gleich 180° (Bild 6.22):

$$\alpha + \gamma = 180^{o}, \quad \beta + \delta = 180^{o}.$$

In einem aus vier Kreistangenten gebildeten Viereck (= Tangentenviereck) ist die Summe zweier gegenüberliegender Seiten gleich der Summe der anderen beiden gegenüberliegenden Seiten (Bild 6.23):

$$\overline{AD} + \overline{BC} = \overline{AB} + \overline{CD}.$$

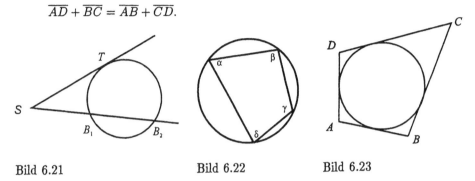

Bild 6.21   Bild 6.22   Bild 6.23

6.2 Analytische Geometrie der Ebene

6.2.1 Das kartesische Koordinatensystem

Das Anliegen der analytischen Geometrie der Ebene ist es, ebene geometrische Objekte mit Hilfsmitteln der Analysis (z. B. durch Gleichungen) zu beschreiben und geometrische Aufgaben (z. B. die Ermittlung der Schnittpunkte von geometrischen Objekten) mit algebraischen Methoden zu behandeln (z. B. Lösen von Gleichungen oder Gleichungssystemen). Dazu benötigt man ein Koordinatensystem, mit dessen Hilfe man die Punkte der Ebene in eindeutiger Weise zahlenmäßig beschreiben kann. Ein solches **Koordinatensystem** entsteht dadurch, daß man zwei Geraden, die **x**- bzw. **y-Achse** genannt werden, miteinander zum Schnitt bringt. Den Schnittpunkt der beiden Achsen nennt man **Koordinatenursprung** oder **Nullpunkt**. Von hier aus trägt man auf den Achsen jeweils eine **Längeneinheit** ab, so daß man jedem Punkt der Achse ein (positives oder negatives) Vielfaches der jeweiligen Längeneinheit zuordnen kann. Ein derartiges Koordinatensystem, *dessen x- und y-Achse senkrecht aufeinander stehen*, heißt **kartesisches Koordinatensystem** (Bild 6.24). [7]
Zieht man durch einen Punkt P der Ebene Parallelen zu den Koordinatenachsen, so schneiden diese die Achsen in den Punkten x bzw. y (Bild 6.24). Man nennt x die **Abszisse** von P, y die **Ordinate** von P. Somit läßt sich jeder Punkt P der Ebene durch seine **Koordinaten** x und y eindeutig beschreiben: $P = P(x, y)$.

---

[7]) Mitunter fordert man außerdem, daß in einem kartesischen Koordinatensystem die Längeneinheiten auf beiden Achsen gleich groß sind.

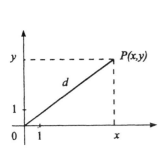

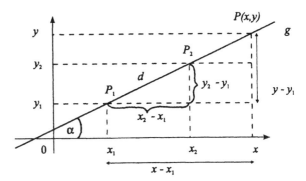

Bild 6.24   Bild 6.25

Nach dem Satz des Pythagoras erhält man für den **Abstand** des Punktes $P(x, y)$ vom
Nullpunkt (Bild 6.24)

$$d = \sqrt{x^2 + y^2},$$

für den Abstand der Punkte $P_1(x_1, y_1)$ und $P_2(x_2, y_2)$ (Bild 6.25)

$$d = \sqrt{(x_2 - x_1)^2 + (y_2 - y_1)^2}. \tag{6.1}$$

Durch Parallelverschiebung gelangt man von dem kartesischen x, y-System mit dem
Koordinatenursprung 0 zu einem kartesischen x', y'-System mit dem Koordinatenursprung $0'$. Die Lage jedes Punktes P der Ebene kann durch seine Koordinaten bezüglich des x, y- oder bezüglich des x', y'-Systems beschrieben werden, und zwischen
beiden besteht der Zusammenhang (Bild 6.26)

$$\begin{array}{l} x' = x - x_0 \\ y' = y - y_0 \\ \text{oder} \quad x = x' + x_0 \\ \phantom{\text{oder} \quad} y = y' + y_0 \end{array} \quad (6.2)$$

Bild 6.26

6.2.2 Die Gerade

Bekanntlich wird durch zwei verschiedene Punkte $P_1(x_1, y_1)$, $P_2(x_2, y_2)$ eindeutig eine
Gerade g festgelegt. Die Gleichung dieser Geraden erhält man z. B. mit Hilfe des
Strahlensatzes: Für jeden beliebigen Punkt $P(x, y)$ von g gilt (Bild 6.25):

$$g: \quad \frac{y - y_1}{x - x_1} = \frac{y_2 - y_1}{x_2 - x_1}. \tag{6.3}$$

Dies ist die **Zwei-Punkte-Form** der Gleichung der Geraden g (kurz: Zwei-Punkte-
Gleichung).
Man nennt den Ausdruck

$$m := \frac{y_2 - y_1}{x_2 - x_1} \tag{6.4}$$

Anstieg der Geraden durch P_1 und P_2 (= Verhältnis der Änderung der Ordinate zur Änderung der Abszisse). Bild 6.25 entnimmt man, daß

$$m = \tan \alpha \tag{6.5}$$

gilt, wobei α der Winkel ist, den die Gerade g mit der x-Achse bildet. Sind von einer Geraden nicht zwei Punkte, sondern nur ein Punkt, dazu aber der Anstieg m bekannt, dann kann man entsprechend (6.4) die rechte Seite von (6.3) durch m ersetzen und erhält für g die sogenannte **Punkt-Richtungs-Form** der Geradengleichung (kurz: Punkt-Richtungs-Gleichung)

$$g: \quad \frac{y - y_1}{x - x_1} = m \quad \text{oder} \quad y = m(x - x_1) + y_1. \tag{6.6}$$

Setzt man in (6.6) $y_1 - mx_1 =: n$, so erhält man die **Normalform** der Geradenglei-chung

$$g: \quad y = mx + n. \tag{6.7}$$

Die **allgemeine Form** der Geradengleichung lautet:

$$g: \quad Ax + By + C = 0. \tag{6.8}$$

Falls $A = 0$ und $B \neq 0$, stellt (6.8) eine Parallele zur x-Achse dar, falls $B = 0$ und $A \neq 0$, eine Parallele zur y-Achse. Für $A = B = 0$ gilt (6.8) genau dann, wenn auch $C = 0$ ist, und dann ist die Gleichung trivialerweise für alle Punkte der x, y-Ebene erfüllt. Diesen Fall schließen wir künftig aus. Dividiert man die Gleichung (6.8) durch $\sqrt{A^2 + B^2}$, so erhält man die **Hessesche Normalform** der Geraden

$$g: \quad \frac{Ax + By + C}{\sqrt{A^2 + B^2}} = 0, \tag{6.9}$$

deren Anwendungsmöglichkeit weiter unten besprochen wird.

Zuvor stellen wir noch eine weitere Form der Geradengleichung vor. Bekannt sei ein auf der Geraden g liegender Punkt $P_0(x_0, y_0)$ mit dem Ortsvektor $\vec{r}_0$ und ein zur Geraden g paralleler Vektor $\vec{a}$ (= Richtungsvektor der Geraden). Dann kann man jeden beliebigen Punkt $P(x, y)$ von g - somit die gesamte Gerade - darstellen als (Bild 6.27)

$$g: \quad \vec{r} = \begin{pmatrix} x \\ y \end{pmatrix} = \vec{r}_0 + t\vec{a}, \quad t \in \mathbb{R}, Parameter. \tag{6.10}$$

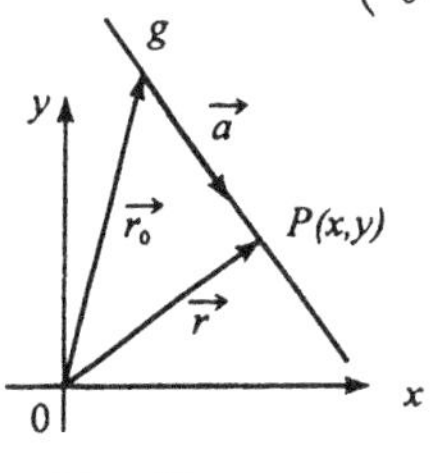

Bild 6.27

(6.10) heißt **Parameterdarstellung** von g. Zu (6.10) kommt man z. B. auch, wenn man in (6.8)

$$x = x(t) = t, \; y = y(t) = -\frac{A}{B}t - \frac{C}{B}, \; B \neq 0, \text{ setzt}:$$

$$\vec{r} = \begin{pmatrix} x \\ y \end{pmatrix} = \vec{r}(t) = \begin{pmatrix} 0 \\ -C/B \end{pmatrix} + t \begin{pmatrix} 1 \\ -A/B \end{pmatrix}. \tag{6.11}$$

Offenbar ist $\vec{a} = (1, -A/B)^T$ ein Richtungsvektor der Geraden g aus (6.8), $(0, -C/B)^T$ der Ortsvektor $\vec{r}_0$ eines auf g gelegenen Punktes P_0. Man überzeugt sich unmittelbar, daß

$$\vec{n} = (A, B)^T \tag{6.12}$$

orthogonal zu $\vec{a}$ ist, denn es ist $(\vec{a}, \vec{n}) = 0$.

Wir stellen im folgenden einige **Grundaufgaben** zur Arbeit mit Geraden zusammen:

1. Gesucht ist die Gleichung der Geraden g *durch zwei vorgegebene Punkte*.
Die Lösung liefert die Zwei-Punkte-Gleichung.

Beispiel 6.8 Die Gleichung der Geraden g durch die Punkte $P_1(-1, 2), P_2(-3, 6)$ lautet

$$g: \quad \frac{y-2}{x+1} = \frac{6-2}{-3+1} \Longleftrightarrow y - 2 = -2(x+1) \Longleftrightarrow y = -2x.$$

2. Gesucht ist die Gleichung der Geraden g *bei Vorgabe eines Punktes und des Anstiegs*.
Die Lösung liefert die Punkt-Richtungsgleichung.

Beispiel 6.9 Die Gleichung der Geraden g, die durch $P(4, 1)$ geht und den Anstieg $m = 1$ hat, lautet

$$g: \quad \frac{y-1}{x-4} = 1 \Longleftrightarrow y = x - 3.$$

3. Welchen *Anstieg* hat eine gegebene Gerade?
Lösung: Man bringt die Geradengleichung in die Normalform (6.7). Der Koeffizient von x ist der gesuchte Anstieg.

Beispiel 6.10 Die Geradengleichung $4x + 2y - 6 = 0$ lautet in der Normalform $y = -2x + 3$. Somit hat die Gerade den Anstieg $\tan \alpha = -2$.

4. Gesucht ist der *Schnittpunkt* der Geraden g_1 und g_2.
Je nachdem, ob die Geradengleichungen in parameterfreier oder in Parameterdarstellung vorliegen, hat man ein lineares Gleichungssystem von zwei Gleichungen für x und y oder für die Parameter t_1 und t_2 zu lösen. Wir verweisen hierzu auf Kapitel 7 und merken lediglich an, daß g_1 und g_2 genau einen Schnittpunkt besitzen, sofern sie nicht parallel oder identisch sind. Besonders einfach ergeben sich die Schnittpunkte einer Geraden mit den Koordinatenachsen, indem man in der Geradengleichung jeweils eine Variable Null setzt.

Beispiel 6.11 Die Gerade $g: y = -2x + 3$ schneidet die y-Achse ($x = 0$) bei $y = 3$, die x-Achse ($y = 0$) bei $x = 3/2$.

5. Gesucht ist der *Schnittwinkel* zweier Geraden. Der Schnittwinkel α zweier Geraden ist definiert als derjenige Winkel $\in [0, \pi]$, den ihre Richtungsvektoren miteinander bilden. Sind also g_1, g_2 in Parameterdarstellung gegeben:

$$g_1: \vec{r} = \vec{r}_1 + t_1 \vec{a}_1 \qquad g_2: \vec{r} = \vec{r}_2 + t_2 \vec{a}_2, \tag{6.13}$$

so ist

$$\cos \alpha = \frac{(\vec{a}_1, \vec{a}_2)}{|\vec{a}_1||\vec{a}_2|}. \tag{6.14}$$

Liegen g_1, g_2 in der Normalform

$$g_1 : y = m_1 x + n_1 \qquad g_2 : y = m_2 x + n_2$$

vor, so kann man sie - indem man x als Parameter t_1 bzw. t_2 einführt - als

$$g_1 : \vec{r} = \begin{pmatrix} 0 \\ n_1 \end{pmatrix} + t_1 \begin{pmatrix} 1 \\ m_1 \end{pmatrix}$$

$$g_2 : \vec{r} = \begin{pmatrix} 0 \\ n_2 \end{pmatrix} + t_2 \begin{pmatrix} 1 \\ m_2 \end{pmatrix}$$

schreiben. Für den Schnittwinkel erhält man nach (6.14)

$$\cos \alpha = \frac{1 + m_1 m_2}{\sqrt{1 + m_1^2}\,\sqrt{1 + m_2^2}}. \tag{6.15}$$

Es ist insbesondere

$$\cos \alpha = 0 \iff \alpha = 90^o \iff m_1 = -\frac{1}{m_2} \iff g_1 \text{ orthogonal zu } g_2;$$

$$\cos \alpha = 1 \iff \alpha = 0^o \iff m_1 = m_2 \iff g_1 \text{ parallel zu } g_2.$$

Beispiel 6.12 Die Geraden $g_1 : y = 2x + 3$, $\quad g_2 : y = -\frac{1}{2}x - 4$ sind zueinander orthogonal; denn wegen $m_1 = 2, m_2 = -\frac{1}{2}$ ist $\cos \alpha = 0$, also $\alpha = 90^o$.

6. Gesucht ist der *Abstand eines Punktes von einer Geraden*.
Gegeben seien der Punkt $P_1(x_1, y_1)$ mit dem Ortsvektor $\vec{r}_1$ und eine Parameterdarstellung von g. Nach Bild 6.28 ist der gesuchte Abstand d gerade die Projektion des Vektors $\overrightarrow{PP_1}$ - des Verbindungsvektors eines beliebigen Punktes P von g mit P_1 - auf die Richtung $\vec{n}$: $d = |(\overrightarrow{PP_1}, \vec{n}_0)|$.[8] Dabei ist $\overrightarrow{PP_1} = \vec{r}_1 - \vec{r} = \vec{r}_1 - \vec{r}_0 - t\vec{a}$ (mit (6.10)) und $\vec{n}_0 = \frac{\vec{n}}{|\vec{n}|} = \frac{1}{\sqrt{A^2 + B^2}} \begin{pmatrix} A \\ B \end{pmatrix}$ (nach (6.12)).

Beachtet man $(\vec{a}, \vec{n}_0) = 0$ und

$$\vec{r}_1 - \vec{r}_0 = \begin{pmatrix} x_1 - 0 \\ y_1 + C/B \end{pmatrix} \text{ (nach (6.11))},$$

so ergibt sich

$$d = |(\overrightarrow{PP_1}, \vec{n}_0)|$$

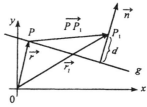

Bild 6.28

---

[8] Da die Gleichung (6.7) nach Multiplikation mit -1 dieselbe Gerade g beschreibt, könnte $\vec{n}$ auch durch $-\vec{n}$ ersetzt werden. Um stets einen nichtnegativen Abstand zu erhalten, nimmt man daher den *Betrag* des Skalarprodukts.

$$= |(\vec{r}_1 - \vec{r}_0 - t\vec{a}, \vec{n}_0)| = |(\vec{r}_1 - \vec{r}_0, \vec{n}_0)|,$$

$$d = \frac{|Ax_1 + By_1 + C|}{\sqrt{A^2 + B^2}} \tag{6.16}$$

als *Abstand des Punktes* $P_1(x_1, y_1)$ *von der Geraden g*.

Das heißt: Man erhält den Abstand eines beliebigen Punktes $P_1(x_1, y_1)$ von der Geraden g, indem man seine Koordinaten in die linke Seite der Hesseschen Normalform (6.9) von g einsetzt und den Betrag bildet.

Beispiel 6.13 Der Punkt $P_1(-2, 3)$ hat von der Geraden $g : 3x + 4y - 15 = 0$ den Abstand

$$d = \frac{|3(-2) + 4 \cdot 3 - 15|}{\sqrt{3^2 + 4^2}} = \frac{9}{5}.$$

Der Abstand des Ursprungs von g ist $d = 3$.

6.2.3 Die Kegelschnitte

Wenn man einen Doppelkegel von kreisförmigem Querschnitt mit Ebenen unterschiedlichen Anstiegs schneidet, entstehen als Schnittkurven Kreise, Ellipsen, Hyperbeln oder Parabeln. Auf diesem Hintergrund gibt es einheitliche Herleitungsmöglichkeiten für alle Kegelschnittgleichungen; es ist sogar möglich, alle vier Kegelschnitte durch eine einzige Gleichung zu beschreiben. Wir wollen auf diese Möglichkeit hier verzichten und stattdessen jeden Kegelschnitt einzeln als spezielle ebene Kurve definieren.

6.2.3.1 Der Kreis

Definition 6.1   Der K r e i s *ist die Menge aller Punkte* $P(x, y)$ *der Ebene, die von einem festen Punkt* $M(x_0, y_0)$ *den gleichen Abstand* r *haben. M heißt* M i t t e l p u n k t, r R a d i u s *des Kreises.*

Mit dieser Definition und der Abstandsformel (6.1) folgt für die Punkte des Kreises (Bild 6.29)

$$\sqrt{(x - x_0)^2 + (y - y_0)^2} = r.$$

Hieraus ergibt sich unmittelbar die Gleichung des Kreises mit Radius r und Mittelpunkt $M(x_0, y_0)$:

$$(x - x_0)^2 + (y - y_0)^2 = r^2. \tag{6.17}$$

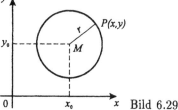

Bild 6.29

Ist M speziell der Koordinatenursprung, so ist

$$x^2 + y^2 = r^2 \tag{6.18}$$

die **Gleichung des Kreises um den Nullpunkt mit dem Radius** r.

6.2.3.2 Die Ellipse

Definition 6.2   *Die* E l l i p s e *ist die Menge aller Punkte* $P(x, y)$ *der Ebene, deren* A b s t ä n d e *von den zwei festen Punkten* F_1 *und* F_2 *eine* k o n s t a n t e   S u m m e *haben.* F_1 *und* F_2 *heißen* B r e n n p u n k t e *der Ellipse.*

Die Summe der beiden Abstände wird mit $2a$, der Abstand der Brennpunkte mit $2e$ bezeichnet.

Wir nehmen zunächst an, daß F_1 und F_2 auf der x-Achse symmetrisch zum Nullpunkt liegen. Dann ist (Bild 6.30)

$$d_1 = \sqrt{(x+e)^2 + y^2},\ d_2 = \sqrt{(x-e)^2 + y^2},$$

und somit gilt für die Punkte der Ellipse

$$\sqrt{(x+e)^2 + y^2} + \sqrt{(x-e)^2 + y^2} = 2a.$$

Durch Quadrieren der Gleichung

$$\sqrt{(x+e)^2 + y^2} = 2a - \sqrt{(x-e)^2 + y^2},$$

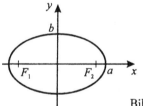

Bild 6.30

anschließendes Umordnen ("Isolieren der Wurzel"), nochmaliges Quadrieren und erneutes Umordnen ergibt sich die Beziehung

$$x^2(a^2 - e^2) + y^2 a^2 = a^2(a^2 - e^2).$$

Mit der Abkürzung

$$b^2 = a^2 - e^2 \quad (\geq 0)$$

entsteht die Gleichung

$$x^2 b^2 + y^2 a^2 = a^2 b^2,$$

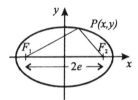

Bild 6.31a

aus der man nach Division durch $a^2 b^2$

$$\frac{x^2}{a^2} + \frac{y^2}{b^2} = 1 \qquad (6.19)$$

erhält, die **Gleichung der Ellipse,** deren Mittelpunkt der Koordinatenursprung ist und deren Symmetrieachsen die Koordinatenachsen sind (*kanonische Form*).

Man nennt a, b die **Halbachsen,** die

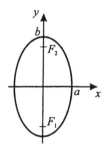

Bild 6.31b

Punkte $(\pm a, 0)$ und $(0, \pm b)$ die **Scheitel** der Ellipse.

Ist in (6.19) $a > b$, dann hat die Ellipse die in Bild 6.31 a, für $a < b$ die in Bild 6.31 b dargestellte Lage. Für $a = b$ stellt (6.19) einen Kreis dar.

Hat eine Ellipse die Geraden $x = x_0$ und $y = y_0$ zu Symmetrieachsen und ihren Mittelpunkt bei (x_0, y_0) (Bild 6.32), dann erhält man ihre Gleichung, indem man auf (6.19) die Koordinatentransformation (6.2) anwendet:

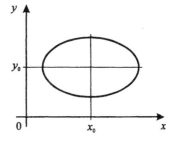

Bild 6.32

$$\frac{(x - x_0)^2}{a^2} + \frac{(y - y_0)^2}{b^2} = 1. \tag{6.20}$$

6.2.3.3 Die Hyperbel

> **Definition 6.3** *Die* H y p e r b e l *ist die Menge aller Punkte $P(x, y)$ der Ebene, deren* A b s t ä n d e *von den festen Punkten F_1 und F_2 eine* k o n s t a n t e D i f f e r e n z *haben. F_1, F_2 heißen* B r e n n p u n k t e *der Hyperbel.*

Bezeichnet man die Differenz der Abstände mit $2a$, den Abstand der Brennpunkte mit $2e$ und legt man F_1 und F_2 auf der x-Achse, symmetrisch zum Nullpunkt fest (Bild 6.33), so führt die Definition der Hyperbel zu der Beziehung

$$\left| \sqrt{(x + e)^2 + y^2} - \sqrt{(x - e)^2 + y^2} \right| = 2a.$$

Durch analoge Umformungen wie bei der Herleitung der Ellipsengleichung erhält man unter Verwendung der Abkürzung $b^2 = e^2 - a^2 \quad (\geq 0)$

die **Gleichung der Hyperbel** (kanonische Form)

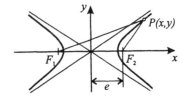

Bild 6.33

$$\frac{x^2}{a^2} - \frac{y^2}{b^2} = 1. \tag{6.21}$$

Ihr "Mittelpunkt" ist der Koordinatenursprung, ihre Symmetrieachsen sind die Koordinatenachsen (Bild 6.34 a). a heißt **reelle**, b **imaginäre Halbachse**, $P(-a, 0)$ und $P(a, 0)$ heißen **Scheitel** der Hyperbel. Für $x \to \pm\infty$ nähert sich die Hyperbel den

Geraden

$$y = -\frac{b}{a}\, x \quad \text{und} \quad y = \frac{b}{a}\, x,$$

den **Asymptoten** der Hyperbel.

Hyperbeln, die durch die Gleichung

$$\frac{y^2}{a^2} - \frac{x^2}{b^2} = 1$$

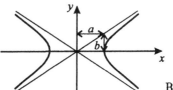

Bild 6.34a

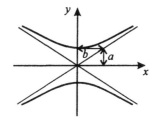

beschrieben werden, haben die in
Bild 6.34 b dargestellte Lage. Ihre
Scheitel liegen bei $P(0, \pm a)$, ihre
Asymptoten sind $y = \frac{a}{b}\, x$ und $y = -\frac{a}{b}\, x$.

Bild 6.34b

Hyperbeln mit den Symmetrieachsen $x = x_0$, $y = y_0$ und dem Mittelpunkt (x_0, y_0)
(Bild 6.35 a bzw. b) genügen der Gleichung

$$\frac{(x - x_0)^2}{a^2} - \frac{(y - y_0)^2}{b^2} = 1 \quad \text{bzw.} \quad \frac{(y - y_0)^2}{a^2} - \frac{(x - x_0)^2}{b^2} = 1. \tag{6.22}$$

Ihre Asymptoten sind

$$y = y_0 \pm \frac{b}{a}\, (x - x_0) \quad \text{bzw.} \quad y = y_0 \pm \frac{a}{b}\, (x - x_0).$$

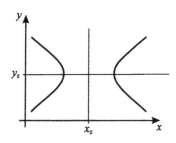

Bild 6.35a

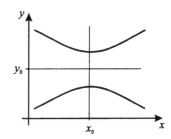

Bild 6.35b

6.2.3.4 Die Parabel

Definition 6.4   *Die* P a r a b e l *ist die Menge aller Punkte $P(x, y)$ der Ebene,
die von einer festen Geraden l, der* L e i t l i n i e, *und von einem festen Punkt F,
dem* B r e n n p u n k t, *den gleichen Abstand haben.*

Bezeichnet man den Abstand zwischen l und F mit p (> 0), nimmt man an, daß F auf der x-Achse liegt und die Abszisse $p/2$ hat, dann ist die Gerade $x = -p/2$ Leitlinie der Parabel (Bild 6.36), und der Koordinatenursprung ist ein Punkt der Parabel.

Fällt man von einem beliebigen Punkt $P(x,y)$ der Parabel das Lot auf l, so ist die Länge des Lotes $x + p/2$, und der Abstand $\overline{PF}$ ist $\sqrt{(x - p/2)^2 + y^2}$. Somit gilt für die Punkte der Parabel die Beziehung

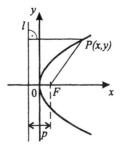

$$\sqrt{(x - \frac{p}{2})^2 + y^2} = x + \frac{p}{2}.$$

Bild 6.36

Durch Quadrieren und Umordnen ergibt sich hieraus die **Scheitelgleichung** (= *kanonische Form*) **der Parabel**

$$y^2 = 2px, \tag{6.23}$$

- deren Symmetrieachse die x-Achse ist,
- deren Scheitel im Koordinatenursprung liegt,
- die nach rechts geöffnet und nur für $x \geq 0$ definiert ist.

Bei anderer Lage des Brennpunktes und der Leitlinie erhält man nach links, nach oben oder nach unten geöffnete Parabeln.

Liegt der Scheitel einer Parabel nicht im Koordinatenursprung, sondern bei (x_0, y_0), ist ihre Symmetrieachse $y = y_0$ bzw. $x = x_0$, dann lautet ihre Gleichung

$$(y - y_0)^2 = 2p(x - x_0) \quad \text{oder} \quad (y - y_0)^2 = -2p(x - x_0)$$
$$\text{bzw.} \quad (x - x_0)^2 = 2p(y - y_0) \quad \text{oder} \quad (x - x_0)^2 = -2p(y - y_0). \tag{6.24}$$

6.2.4 Die Kegelschnitte als algebraische Kurven 2. Ordnung

Jede Kurve, die einer Gleichung der Gestalt

$$Ax^2 + By^2 + 2Cxy + 2Dx + 2Ey + F = 0 \tag{6.25}$$

genügt, heißt algebraische Kurve 2. Ordnung.

Löst man in den Gleichungen (6.17), (6.20), (6.22), (6.24) die dort auftretenden Klammern auf, so entsteht eine Gleichung der Gestalt (6.25). (Wegen der vorausgesetzten achsenparallelen Lage der Kegelschnitte ist $C = 0$, so daß der Term xy nicht auftritt.)

Wir zeigen nun, wie sich aus (6.25) mit $C = 0$ die Gleichungen der Kegelschnitte gewinnen lassen.

Sofern $A \neq 0$ und $B \neq 0$ sind, erhält man aus (6.25) durch quadratische Ergänzung

$$A(x + \tfrac{D}{A})^2 \ + \ B(y + \tfrac{E}{B})^2 = \rho$$

$$\text{mit} \qquad \rho = \tfrac{D^2}{A} \ + \ \tfrac{E^2}{B} - F. \tag{6.26}$$

1. Ist $A = B$ und $A\rho > 0$, dann stellt (6.26) einen **Kreis** dar $(r^2 = \rho/A)$.

2. Ist $A \neq B$, $AB > 0$; $A\rho > 0$, dann stellt (6.26) eine **Ellipse** dar.

3. Ist $A \neq B$, $AB < 0$, $\rho \neq 0$, dann stellt (6.26) eine **Hyperbel** dar.

Ist $A = 0$ und $B \neq 0$ bzw. $B = 0$ und $A \neq 0$, dann erhält man anstelle von (6.26)

$$B(y + \frac{E}{B})^2 \ = \ -2Dx + \frac{E^2}{B} - F$$

$$\text{bzw.} \ A(x + \frac{D}{A})^2 \ = \ -2Ey + \frac{D^2}{A} - F.$$

Dies sind Gleichungen von **Parabeln.**

Beispiel 6.14 Die Gleichung $5x^2 + 5y^2 - 20x + 10y - 55 = 0$ wird nach Division durch 5 und quadratischer Ergänzung zu

$$(x - 2)^2 + (y + 1)^2 = 16.$$

Dies ist ein Kreis mit Mittelpunkt $M(2, -1)$ und Radius 4.

Beispiel 6.15 Die Gleichung $-2x^2 + 4y^2 + 12x + 8y - 22 = 0$ wird umgeformt zu

$$\begin{aligned} -2(x^2 - 6x) + 4(y^2 + 2y) &= 22 \\ -2(x - 3)^2 + 4(y + 1)^2 &= 8 \\ \frac{(y + 1)^2}{2} - \frac{(x - 3)^2}{4} &= 1. \end{aligned}$$

Das ist eine Hyperbel mit dem Mittelpunkt $M(3, -1)$, der reellen Halbachse $\sqrt{2}$ (parallel zur y-Achse) und der imaginären Halbachse 2 (parallel zur x-Achse). Ihre Scheitelpunkte liegen bei $S_1(3, -1 - \sqrt{2})$, $S_2(3, -1 + \sqrt{2})$, ihre Asymptoten sind $y = -1 + \frac{\sqrt{2}}{2}(x - 3)$ und $y = -1 - \frac{\sqrt{2}}{2}(x - 3)$.

Beispiel 6.16 Die Gleichung $y^2 - 4y + 6x + 10 = 0$ führt zu $(y - 2)^2 = -6(x + 1)$, stellt also eine nach links geöffnete Parabel mit $p = 3$ und dem Scheitel bei $(-1, 2)$ dar.

7 Lineare Gleichungssysteme

Ein lineares Gleichungssystem ist ein System von Gleichungen, in denen die Unbekannten nur linear vorkommen. Solche Systeme treten in den verschiedensten Anwendungsgebieten auf, z.B. bei der Berechnung elektrischer Netzwerke, in der Baustatik, in der Betriebswirtschaft ...

Beispiel 7.1 Zur Herstellung der Erzeugnisse E_1, E_2, E_3 werden die Rohstoffe R_1, R_2, R_3 benötigt, und zwar für 1 Mengeneinheit (ME) von

$$E_1 : 1 \text{ ME } R_1, \ 2 \text{ ME } R_2, \ 3 \text{ ME } R_3,$$
$$E_2 : 3 \text{ ME } R_1, \ 1 \text{ ME } R_2, \ 4 \text{ ME } R_3,$$
$$E_3 : 2 \text{ ME } R_1, \ 5 \text{ ME } R_2, \ 2 \text{ ME } R_3.$$

Die Rohstoffvorräte an R_1, R_2, R_3 betragen 24, 31, 40 ME. Wieviele ME von E_1, E_2, E_3 kann man mit dem vorhandenen Rohstoffvorrat herstellen?

Bezeichnet man die Anzahl der herzustellenden ME von E_1, E_2, E_3 mit x_1, x_2, x_3, so müssen diese das *lineare Gleichungssystem*

$$
\begin{array}{rcrcrcr}
x_1 & + & 3x_2 & + & 2x_3 & = & 24 \\
2x_1 & + & x_2 & + & 5x_3 & = & 31 \\
3x_1 & + & 4x_2 & + & 2x_3 & = & 40
\end{array}
$$

erfüllen.

Beispiel 7.2 Das System

$$
\begin{array}{rcrcrcr}
x^2 & + & xe^y & + & \sin(xy) & = & 1 \\
y & - & x^2\sin(y) & + & y^3 & = & 0
\end{array}
$$

ist ein *nichtlineares* Gleichungssystem für x und y, da x und y in nichtlinearer Form auftreten. Für derartige Systeme ist die im folgenden dargestellte Lösungsmethode i.a. *nicht* anwendbar.

Zur Lösung linearer Gleichungssysteme gibt es zahlreiche Methoden. Der Grundgedanke des folgenden Lösungsalgorithmus (in der Literatur als Gaußscher Algorithmus bekannt, Carl Friedrich Gauß, 1777-1855) besteht darin, das Gleichungssystem in eine solche Form zu bringen, daß man daraus die Unbekannten leicht *nacheinander* ermitteln kann. Wir demonstrieren dieses Vorgehen anhand von linearen Gleichungssystemen mit 2 bzw. 3 Gleichungen für 2 bzw. 3 Unbekannte. Das Verfahren ist aber für Gleichungssysteme beliebiger Dimension und auch für Fälle anwendbar, bei denen die Zahl der Gleichungen nicht mit der Zahl der Unbekannten übereinstimmt.

7.1 Lineare Gleichungssysteme mit zwei Gleichungen für zwei Unbekannte

Folgende Aufgabe der ebenen Geometrie führt auf ein lineares Gleichungssystem für zwei Unbekannte:

Beispiel 7.3 Gesucht ist der Schnittpunkt der Geraden

$$y = 2x + 3 \tag{7.1}$$

und

$$y = -x + 6. \tag{7.2}$$

Man muß also denjenigen Punkt $S(x, y)$ finden, dessen Koordinaten x und y sowohl die Geradengleichung (7.1) als auch die Geradengleichung (7.2), somit das lineare Gleichungssystem

$$\begin{array}{rcrcl} y & - & 2x & = & 3 \\ y & + & x & = & 6 \end{array} \tag{7.3}$$

erfüllen. Während wir nun die erste Gleichung von (7.3) unverändert stehen lassen, ersetzen wir die zweite Gleichung durch diejenige Gleichung, die entsteht, wenn man die mit -1 multiplizierte 1. Gleichung zur 2. Gleichung addiert:

$$\begin{array}{rcrcl} y & - & 2x & = & 3 \\ & & 3x & = & 3 \end{array} \tag{7.4}$$

Eine solche - aus der Multiplikation einer Gleichung mit einer Zahl $\neq 0$ und der Addition von Gleichungen bestehende - Umformung läßt die Lösungsmenge des Gleichungssystems unverändert, ist also eine *äquivalente Umformung*. Mit dieser Umformung hat man aus (7.3) das *gestaffelte Gleichungssystem* (7.4) erhalten, aus dessen 2. Gleichung man sofort $x = 1$ erhält. Setzt man dies in die erste Gleichung ein, so ergibt sich $y = 5$. Somit schneiden sich die Geraden (7.1) und (7.2) im Punkt $S(1, 5)$.

Wir betrachten nun allgemeiner das lineare Gleichungssystem

$$\begin{array}{rcrcl} a_{11}x_1 & + & a_{12}x_2 & = & b_1 \\ a_{21}x_1 & + & a_{22}x_2 & = & b_2 \end{array} \quad \text{mit } a_{ij}, b_i \in \mathbb{R} \,, i, j = 1, 2, \tag{7.5}$$

für die Unbekannten x_1, x_2 und wenden darauf die soeben beschriebene Lösungsmethode an.

Es sei $a_{11} \neq 0$. [9]) Dann multiplizieren wir die 1. Gleichung mit $-\dfrac{a_{21}}{a_{11}}$ und addieren sie zur 2. Gleichung. Damit erhalten wir das gestaffelte Gleichungssystem

$$\begin{array}{rcrcl} a_{11}x_1 & + & a_{12}x_2 & = & b_1 \\ & & a'_{22}x_2 & = & b'_2 \end{array} \quad \text{mit } a'_{22} = a_{22} - \frac{a_{21}}{a_{11}}a_{12} \,, \; b'_2 = b_2 - \frac{a_{21}}{a_{11}}b_1. \tag{7.6}$$

---

[9]) Falls $a_{11} = 0$, kann man aus der 1. Gleichung sofort x_2 ermitteln, dies in die 2. Gleichung einsetzen und so x_1 berechnen. Ist $a_{11} = a_{12} = 0$ und $b_1 \neq 0$, dann ist die erste Gleichung widersprüchlich (analog zu Fall 2, nächste Seite).

Dieser Algorithmus wird üblicherweise in folgendem Schema dargestellt:

$$
\begin{array}{ccc}
x_1 & x_2 & = \\
\hline
a_{11} & a_{12} & b_1 \quad | \quad -\frac{a_{21}}{a_{11}} \\
a_{21} & a_{22} & b_2 \\
\hline
0 & a'_{22} & b'_2
\end{array}
$$

Das gestaffelte Gleichungssystem (7.6) hat nun im

Fall 1: $a'_{22} \neq 0$

genau eine Lösung. Denn aus der letzten Gleichung von (7.6) erhält man $x_2 = \dfrac{b'_2}{a'_{22}}$;

setzt man dies in die erste Gleichung von (7.6) ein, so erhält man $x_1 = \dfrac{1}{a_{11}}(b_1 - a_{12}x_2)$.

Fall 2: $a'_{22} = 0 \ \wedge \ b'_2 \neq 0$

keine Lösung, denn es ist widerspruchsvoll. (Die linke Seite der letzten Gleichung von (7.6) ist gleich 0, während die rechte Seite $\neq 0$ ist.)
Da die Gleichungen von (7.5) je eine Gerade beschreiben, kann dieser Fall nur dann eintreten, wenn diese Geraden sich *nicht* schneiden, also zueinander parallel sind.

Fall 3: $a'_{22} = 0 \ \wedge \ b'_2 = 0$

unendlich viele Lösungen; denn die zweite Gleichung von (7.6) stellt dann die Identität $0 \equiv 0$ dar, und die Lösung des Gleichungssystems hat folglich nur die Gleichung

$$
a_{11}x_1 + a_{12}x_2 = b_1 \tag{7.7}
$$

zu erfüllen. Man kann also z.B. x_2 beliebig vorgeben und dazu x_1 aus dieser Gleichung berechnen. Somit hat (7.6) eine durch (7.7) beschriebene Lösungsschar, nämlich die Gerade (7.7). Und dies ist nur möglich, wenn die beiden Gleichungen von (7.5) *dieselbe* Gerade beschreiben.
Wir demonstrieren die Fälle 2 und 3 an den folgenden Beispielen:

Beispiel 7.4

$$
\begin{aligned}
2x_1 + 3x_2 &= -1 \\
-4x_1 - 6x_2 &= 3
\end{aligned}
$$

Das Gleichungssystem ist widerspruchsvoll. Es beschreibt zwei parallele Geraden, die im x_1, x_2-Koordinatensystem den Anstieg $-\frac{2}{3}$ haben.

Lösungsschema:

$$
\begin{array}{ccc}
x_1 & x_2 & = \\
\hline
2 & 3 & -1 \quad |2 \\
-4 & -6 & 3 \\
\hline
0 & 0 & 1
\end{array}
$$

Beispiel 7.5

$$
\begin{aligned}
2x_1 + 3x_2 &= -1 \\
-4x_1 - 6x_2 &= 2
\end{aligned}
$$

Lösung dieses Gleichungssystems sind alle Punkte der Geraden $2x_1 + 3x_2 = -1$, die offensichtlich mit der Geraden $-4x_1 - 6x_2 = 2$ übereinstimmt.

Lösungsschema:

$$
\begin{array}{ccc}
x_1 & x_2 & = \\
\hline
2 & 3 & -1 \quad |2 \\
-4 & -6 & 2 \\
\hline
0 & 0 & 0
\end{array}
$$

7.2 Lineare Gleichungssysteme mit drei Gleichungen für drei Unbekannte

Auch bei der Lösung von linearen Gleichungssystemen mit 3 und mehr Gleichungen verfolgt man das Ziel, das gegebene Gleichungssystem in ein gestaffeltes umzuformen. Wir wenden das im vorigen Abschnitt beschriebene Verfahren auf das Gleichungssystem

$$
\begin{array}{rcrcrclc}
a_{11}x_1 & + & a_{12}x_2 & + & a_{13}x_3 & = & b_1 & \text{(i)} \\
a_{21}x_1 & + & a_{22}x_2 & + & a_{23}x_3 & = & b_2 & \text{(ii)} \\
a_{31}x_1 & + & a_{32}x_2 & + & a_{33}x_3 & = & b_3 & \text{(iii)}
\end{array}
$$

mit a_{ij}, $b_i \in \mathbb{R}$, $i,j = 1,2,3$, an. Dabei sei $\underline{a_{11} \neq 0}$. (Andernfalls müßte man die Reihenfolge der Gleichungen ändern.)
Wir addieren zuerst zu (ii) die mit $-\dfrac{a_{21}}{a_{11}}$ multiplizierte Gleichung (i) , danach zu (iii) die mit $-\dfrac{a_{31}}{a_{11}}$ multiplizierte Gleichung (i). Auf diese Weise entsteht das System

$$
\begin{array}{rcrcrclc}
a_{11}x_1 & + & a_{12}x_2 & + & a_{13}x_3 & = & b_1 & \text{(i)} \\
 & & a'_{22}x_2 & + & a'_{23}x_3 & = & b'_2 & \text{(ii}') \\
 & & a'_{32}x_2 & + & a'_{33}x_3 & = & b'_3, & \text{(iii}')
\end{array}
$$

wobei $a'_{ij} = a_{ij} - \dfrac{a_{i1}}{a_{11}}a_{1j}$, $b'_i = b_i - \dfrac{a_{i1}}{a_{11}}b_1$, $i,j = 2,3$, gilt.

Ist $\underline{a'_{22} \neq 0}$, so kann man die mit $-\dfrac{a'_{32}}{a'_{22}}$ multiplizierte Gleichung (ii$'$) zu (iii$'$) addieren und erhält so das gestaffelte Gleichungssystem

$$
\begin{array}{rcrcrclc}
a_{11}x_1 & + & a_{12}x_2 & + & a_{13}x_3 & = & b_1 & \text{(i)} \\
 & & a'_{22}x_2 & + & a'_{23}x_3 & = & b'_2 & \text{(ii}') \\
 & & & & a''_{33}x_3 & = & b''_3, & \text{(iii}'')
\end{array}
$$

wobei $a''_{33} = a'_{33} - \dfrac{a'_{32}}{a'_{22}}a'_{23}$, $b''_3 = b'_3 - \dfrac{a'_{32}}{a'_{22}}b'_2$ gesetzt wurde.

Dieser Algorithmus kann in folgendem Schema dargestellt werden:

x_1	x_2	x_3	$=$			
a_{11}	a_{12}	a_{13}	b_1	$\mid$	$-\frac{a_{21}}{a_{11}}$	$\mid$ $-\frac{a_{31}}{a_{11}}$
a_{21}	a_{22}	a_{23}	b_2			
a_{31}	a_{32}	a_{33}	b_3			
0	a'_{22}	a'_{23}	b'_2	$\mid$	$-\frac{a'_{32}}{a'_{22}}$	
0	a'_{32}	a'_{33}	b'_3			
0	0	a''_{33}	b''_3			

Wie in Abschnitt 7.1 sind auch hier mehrere Fälle zu unterscheiden:

Fall 1: $a_{33}'' \neq 0$.

Das Gleichungssystem hat *genau eine Lösung*.

Denn: Man kann zunächst x_3 aus (iii'') berechnen, danach x_2 aus (ii') und schließlich x_1 aus (i) ermitteln.

Fall 2: $a_{33}'' = 0 \wedge b_3'' \neq 0$.

Das Gleichungssystem hat *keine Lösung*, denn es ist widerspruchsvoll.

Fall 3: $a_{33}'' = 0 \wedge b_3'' = 0$.

Das Gleichungssystem hat *unendlich viele Lösungen*.

Denn: Da (iii'') für alle $x_3 \in \mathbb{R}$ erfüllt ist, kann x_3 beliebig gewählt werden. Damit erhält man x_2 aus (ii') und x_1 aus (i) jeweils in Abhängigkeit von x_3 und somit für jedes vorgegebene x_3 eine Lösung (x_1, x_2, x_3).

Interpretiert man die Gleichungen (i), (ii), (iii) als Ebenengleichungen, so bedeutet dieser Fall, daß sich die 3 Ebenen nicht in einem Punkt, sondern in einer Geraden schneiden (Bsp. 7.8).

Fall 4: $a_{22}' = a_{23}' = a_{32}' = a_{33}' = b_2' = b_3' = 0$.

(ii') und (iii') stellen Identitäten dar, und die durch (i), (ii) und (iii) beschriebenen Ebenen fallen zu einer einzigen zusammen. Zu jedem beliebigen $x_2 \in \mathbb{R}$ und jedem beliebigen $x_3 \in \mathbb{R}$ kann x_1 z.B. aus (i) ermittelt werden; die Lösung ist also von 2 willkürlichen Größen (Parametern) abhängig, stellt somit eine Ebene dar.

Beispiel 7.6   (vgl. Beispiel 7.1)

$$\begin{aligned}
x_1 + 3x_2 + 2x_3 &= 24 \\
2x_1 + x_2 + 5x_3 &= 31 \\
3x_1 + 4x_2 + 2x_3 &= 40
\end{aligned}$$

Lösungsschema:

x_1	x_2	x_3	=	
1	3	2	24	$\mid -2 \mid -3$
2	1	5	31	
3	4	2	40	
0	-5	1	-17	$\mid -1$
0	-5	-4	-32	
0	0	-5	-15	

$$\Rightarrow x_3 = 3; \ -5x_2 + 3 = -17$$
$$\Rightarrow x_2 = 4; x_1 + 3 \cdot 4 + 2 \cdot 3 = 24$$
$$\Rightarrow x_1 = 6.$$

Lösung: Es können 6 ME von E_1, 4 ME von E_2 und 3 ME von E_3 hergestellt werden.

Beispiel 7.7

$$\begin{aligned}
x_1 + 2x_2 + x_3 &= 1 \\
2x_1 + 3x_2 + x_3 &= 1 \\
x_1 + 3x_2 + 2x_3 &= 0
\end{aligned}$$

Lösungsschema:

x_1	x_2	x_3	=	
1	2	1	1	$\mid -2 \mid -1$
2	3	1	1	
1	3	2	0	
0	-1	-1	-1	$\mid 1$
0	1	1	-1	
0	0	0	-2	

Das Gleichungssystem ist nicht lösbar, da es widerspruchsvoll ist.

Beispiel 7.8

$$\begin{aligned}
x_1 + 2x_2 + x_3 &= 1\\
2x_1 + 3x_2 + x_3 &= 1\\
x_1 + 3x_2 + 2x_3 &= 2
\end{aligned}$$

Lösungsschema:

x_1	x_2	x_3	=	
1	2	1	1	$\lvert -2 \rvert -1$
2	3	1	1	
1	3	2	2	
0	-1	-1	-1	$\lvert 1$
0	1	1	1	
0	0	0	0	

$\Rightarrow x_3 = t$, beliebig;

$x_2 = 1 - x_3 = 1 - t$;

$x_1 = 1 - 2(1-t) - t = -1 + t$

oder in Vektorschreibweise:

$$\begin{pmatrix} x_1 \\ x_2 \\ x_3 \end{pmatrix} = \begin{pmatrix} -1 \\ 1 \\ 0 \end{pmatrix} + t \begin{pmatrix} 1 \\ -1 \\ 1 \end{pmatrix} = \vec{r}(t).$$

Das ist die Parameterdarstellung einer Geraden im Raum.

Beispiel 7.9

$$\begin{aligned}
x_1 + 2x_2 + x_3 &= 1\\
2x_1 + 4x_2 + 2x_3 &= 2\\
-x_1 - 2x_2 - x_3 &= -1
\end{aligned}$$

Lösungsschema:

x_1	x_2	x_3	=	
1	2	1	1	$\lvert -2 \rvert 1$
2	4	2	2	
-1	-2	-1	-1	
0	0	0	0	
0	0	0	0	

$\Rightarrow x_3 = t$, beliebig;

$x_2 = s$, beliebig;

$x_1 = 1 - 2s - t$

oder in Vektorschreibweise:

$$\begin{pmatrix} x_1 \\ x_2 \\ x_3 \end{pmatrix} = \begin{pmatrix} 1 \\ 0 \\ 0 \end{pmatrix} + s \begin{pmatrix} -2 \\ 1 \\ 0 \end{pmatrix} + t \begin{pmatrix} -1 \\ 0 \\ 1 \end{pmatrix} = \vec{r}(s,t).$$

Das ist die Parameterdarstellung einer Ebene im Raum.

8 Zahlenfolgen

8.1 Der Begriff der Zahlenfolge

In diesem Abschnitt betrachten wir Funktionen mit einem speziellen Definitionsbereich.

Definition 8.1 *Eine Funktion, deren Definitionsbereich die Menge* $\mathbb{N}$ *der natürlichen Zahlen oder eine unendliche Teilmenge von* $\mathbb{N}$ *ist, heißt* F o l g e. *Besteht außerdem der Wertevorrat aus reellen Zahlen, so nennt man die Funktion* r e e l l e Z a h l e n f o l g e.

Wir werden hier ausschließlich reelle Zahlenfolgen betrachten und dafür in der Regel einfach "Folge" sagen. Ist eine Folge

$$f : \mathbb{N} \to \mathbb{R}$$

gegeben, so bezeichnet man die Funktionswerte $f(n), n \in \mathbb{N}$, mit a_n oder mit einem anderen Buchstaben, an den man die unabhängige Variable n als Index anhängt. Die "ganze Folge", also die Funktion f, bezeichnen wir entsprechend z. B. mit $(a_n)_{n\in\mathbb{N}}$ oder kurz mit (a_n). Die Funktionswerte a_n heißen **Glieder** der Folge (a_n). Die ersten Glieder dieser Folge sind a_0, a_1, a_2. Analog schreibt man z. B. $(x_k)_{k\geq 5}$ für die Folge mit den Gliedern x_5, x_6, x_7 usw.

Beispiel 8.1 Die Funktion

$$f : \mathbb{N} \setminus \{0\} \to \mathbb{R} \quad \text{mit} \quad f(n) = \frac{n-1}{n},\ n \in \mathbb{N}, n \geq 1 \tag{8.1}$$

schreibt man als Folge

$$(a_n)_{n\geq 1} \quad \text{mit} \quad a_n = \frac{n-1}{n}, \qquad \text{kurz}: \left(\frac{n-1}{n}\right)_{n\geq 1}. \tag{8.2}$$

Speziell ist $a_1 = 0, a_2 = \frac{1}{2}, a_3 = \frac{2}{3}$.

Reelle Zahlenfolgen, als spezielle reelle Funktionen, lassen sich in einem ebenen kartesischen Koordinatensystem ("x, y-Ebene") veranschaulichen. Bild 8.1 zeigt den Graphen der Funktion (8.1) oder – was dasselbe ist – der Folge (8.2). Dieser Graph besteht nur aus den Punkten $(n, f(n)) = (n, a_n)$ für $n = 1, 2, \ldots$ (Er ist ein Teil des Graphen der Funktion $g(x) = \frac{x-1}{x}$, $x \in \mathbb{R}, x \geq 1$, welcher als gestrichelte Linie eingezeichnet ist.)

Dieselbe Folge (a_n) ist in Bild 8.2 auf der horizontal angeordneten y-Achse veranschaulicht; dies ist eine übliche Darstellung von Folgen.

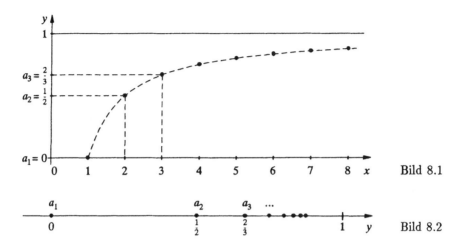

Bild 8.1

Bild 8.2

Eine Folge kann angegeben werden
a) durch das "allgemeine Glied" und den Definitionsbereich oder
b) durch eine Rekursionsvorschrift.

Mit a) ist eine Angabe wie in (8.2) gemeint. Dort ist $a_n = \frac{n-1}{n}$ das "allgemeine Glied"; jedes einzelne Glied kann daraus berechnet werden, indem man für n konkrete Werte einsetzt.

Bemerkung 8.1 Das Aufzählen der ersten Glieder einer Folge kann die Angabe des "allgemeinen Gliedes" nicht ersetzen. So beginnen z. B. die Folgen $(a_n)_{n\geq 1}$ und $(b_n)_{n\geq 1}$, wobei

$$a_n = n^2, \quad b_n = -n^3 + 7n^2 - 11n + 6,$$

mit denselben Gliedern: Es gilt $a_1 = 1 = b_1, a_2 = 4 = b_2$ und $a_3 = 9 = b_3$. Jedoch ist $a_n \neq b_n$ für alle $n \geq 4$ (Bild 8.3).
Eine Formulierung wie "Die Folge 1, 4, 9, ..." ist also *nicht* korrekt: Durch die Angabe der ersten drei (oder auch der ersten 5000) Glieder kann die aus unendlich vielen Gliedern bestehende Folge nicht eindeutig erklärt werden. Übrigens kann man beliebig viele weitere Folgen angeben, die mit den Gliedern 1, 4, 9 beginnen. Hierzu gehört z. B. die Folge (c_n) mit $c_n = n^2$ für $n = 1, 2, 3$ und $c_n = -1$ für $n \geq 4$.

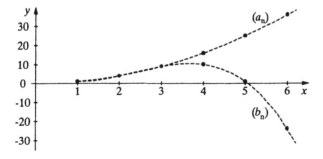

Bild 8.3

Wir kommen zu b). Die Definition durch Rekursion wurde in Abschnitt 2.3 erläutert. Danach ist eine Folge (a_n) vollständig definiert, wenn das Anfangsglied a_0 sowie eine Vorschrift zur Berechnung von a_{n+1} aus a_n für jedes $n \in \mathbb{N}$ gegeben sind; analog für eine Folge $(a_n)_{n \geq n_0}$.

Betrachten wir nun zwei spezielle Klassen rekursiv definierter Folgen, für die man auch das "allgemeine Glied" mühelos angeben kann.

1. Mit einer gegebenen reellen Zahl d setzen wir

$$a_0 \in \mathbb{R} \text{ beliebig}, \quad a_{n+1} = d + a_n \quad \text{für} \quad n \in \mathbb{N}. \tag{8.3}$$

Die hierdurch definierte Folge (a_n) heißt **arithmetische Folge.** Diese ist also dadurch charakterisiert, daß die Differenz zweier aufeinanderfolgender Glieder stets denselben Wert hat: $a_{n+1} - a_n = d$. Für das "allgemeine Glied" der Folge (a_n) gilt

$$a_n = a_0 + nd \quad \text{für} \quad n \in \mathbb{N}. \tag{8.4}$$

Wir leiten (8.4) mittels vollständiger Induktion aus (8.3) her. Für $n = 0$ ist (8.4) offensichtlich richtig. Nun gelte (8.4); wir haben zu zeigen, daß daraus

$$a_{n+1} = a_0 + (n+1)d \tag{8.5}$$

folgt. Wegen (8.3) und der Induktionsannahme (8.4) ist

$$a_{n+1} = d + a_n = d + a_0 + nd = a_0 + (n+1)d,$$

also gilt tatsächlich (8.5). Somit ist (8.4) für jedes $n \in \mathbb{N}$ bewiesen.

2. Mit einer gegebenen reellen Zahl $q \neq 0$ sei

$$a_0 \in \mathbb{R}, a_0 \neq 0, \quad a_{n+1} = q \cdot a_n \quad \text{für} \quad n \in \mathbb{N}, \tag{8.6}$$

d. h., der Quotient zweier aufeinanderfolgender Glieder hat stets den (festen) Wert q. Die durch (8.6) definierte Folge (a_n) heißt **geometrische Folge.** Für ihr "allgemeines Glied" gilt

$$a_n = a_0 \cdot q^n \quad \text{für} \quad n \in \mathbb{N}, \tag{8.7}$$

was wiederum sofort mittels vollständiger Induktion folgt.

Beispiel 8.2 Ein Anfangskapital k_0 werde zu einem Jahreszinssatz (oder Jahreszinsfuß) p für mehrere Jahre angelegt. Gesucht ist das Kapital nach n Jahren. Wir unterscheiden zwei Fälle:

1. Die am Ende eines Jahres anfallenden Zinsen werden gutgeschrieben, aber in den folgenden Jahren nicht mitverzinst (Anlage ohne Zinseszins). Die Zinsen am Ende jedes Jahres sind also konstant gleich $k_0 \cdot \frac{p}{100}$ und somit gilt:

$$
\begin{aligned}
k_1 &= k_0 + k_0 \cdot \frac{p}{100} \quad \text{(Kapital nach 1 Jahr)}, \tag{8.8} \\
k_2 &= k_1 + k_0 \cdot \frac{p}{100} \quad \text{(Kapital nach 2 Jahren)}, \\
&\vdots \\
k_{n+1} &= k_n + k_0 \cdot \frac{p}{100} \quad \text{(Kapital nach } n+1 \text{ Jahren)}. \tag{8.9}
\end{aligned}
$$

Nach (8.9) ist (k_n) eine arithmetische Folge mit $d = k_0 \cdot \frac{p}{100}$, so daß gemäß (8.4)

$$k_n = k_0 + n \cdot k_0 \cdot \frac{p}{100}$$

gilt, d. h., das Kapital nach n Jahren ist

$$k_n = k_0(1 + n \cdot \frac{p}{100}). \qquad (8.10)$$

2. Nun betrachten wir die Kapitalanlage mit Zinseszins, d. h., die am Jahresende anfallenden Zinsen werden in den folgenden Jahren mitverzinst. Für das Kapital K_n nach n Jahren ($n = 1, 2, \ldots$) gilt in diesem Falle:

$$
\begin{aligned}
K_1 &= k_0 + k_0 \cdot \frac{p}{100} = k_0 \left(1 + \frac{p}{100}\right), \\
K_2 &= K_1 + K_1 \cdot \frac{p}{100} = K_1 \left(1 + \frac{p}{100}\right), \\
&\;\;\vdots \\
K_{n+1} &= K_n + K_n \cdot \frac{p}{100} = K_n \left(1 + \frac{p}{100}\right). \qquad (8.11)
\end{aligned}
$$

Daher ist (K_n) eine geometrische Folge mit $q = 1 + \frac{p}{100}$ ("Aufzinsungsfaktor"), und gemäß (8.7) gilt

$$K_n = k_0 \cdot \left(1 + \frac{p}{100}\right)^n.$$

In Bild 8.4 sind für einen Jahreszinssatz von 4,75 % (also $p = 4,75$) die Quotienten

$$\frac{k_n}{k_0} = 1 + n \cdot \frac{4,75}{100} \quad \text{(ohne Zinseszins) und} \quad \frac{K_n}{k_0} = \left(1 + \frac{4,75}{100}\right)^n \quad \text{(mit Zinseszins)}$$

in Abhängigkeit von der Anzahl n der Jahre dargestellt. Aus dem Bild liest man z. B. ab, daß sich das Anfangskapital k_0 ohne Zinseszins nach 21 Jahren und mit Zinseszinsen nach 15 Jahren etwa verdoppelt hat (vgl. Beispiel 4.8). Auf die Kurve $K(t)/k_0$ gehen wir in Beispiel 8.5 ein.

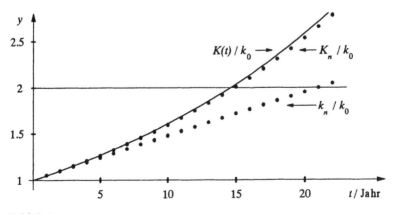

Bild 8.4

8.2 Der Begriff des Grenzwertes

Wir beginnen mit einem Beispiel.

Beispiel 8.3 Gegeben sei die Folge

$$(a_n)_{n \geq 1} \text{ mit } a_n = \frac{(-1)^n}{n}.$$

Einige Glieder der Folge sind

a_1	$=$	-1	$=$	-1.00	a_{1999}	$= \quad - \quad 0.00050025,$
a_2	$=$	$\frac{1}{2}$	$=$	0.5	a_{2000}	$= \qquad 0.0005,$
a_3	$=$	$-\frac{1}{3}$	$=$	-0.33	a_{2001}	$= \quad - \quad 0.00049975,$
a_4	$=$	$\frac{1}{4}$	$=$	0.25	a_{2002}	$= \qquad 0.00049950.$

Man wird etwa sagen, daß die Glieder a_n mit wachsendem Index n der Zahl $a = 0$ "immer näher kommen". Um dies zu präzisieren, betrachten wir den *Abstand zwischen a_n und a* :

$$|a_n - a| = \left| \frac{(-1)^n}{n} - 0 \right| = \frac{1}{n}.$$

Hiernach gilt z. B.

$$|a_n - a| < \frac{1}{2} \cdot 10^{-3} \Longleftrightarrow \frac{1}{n} < \frac{1}{2} \cdot 10^{-3} \Longleftrightarrow n > 2 \cdot 10^3. \tag{8.12}$$

Zu der "Abstandszahl" $\varepsilon = \frac{1}{2} \cdot 10^{-3} \ (= 0.0005)$ können wir also den Index $n_0 = 2001$ wählen, und dann gilt

$$|a_n - a| < \varepsilon \quad \text{für alle} \quad n \geq n_0. \tag{8.13}$$

Entscheidend ist nun, daß es zu *jeder* (insbesondere zu jeder noch so kleinen) positiven Zahl ε einen Index n_0 gibt, so daß (8.13) gilt: Wegen

$$|a_n - a| < \varepsilon \Longleftrightarrow \frac{1}{n} < \varepsilon \Longleftrightarrow n > \frac{1}{\varepsilon} \quad \text{(vgl. (8.12))}$$

braucht man nur ein $n_0 > \frac{1}{\varepsilon}$ zu wählen. (Dies ist möglich, da es beliebig große natürliche Zahlen gibt.) Für alle $n \geq n_0$ ist dann erst recht $n > \frac{1}{\varepsilon}$ und somit $|a_n - a| < \varepsilon$.
Diese Überlegungen führen zu der folgenden Definition.

Definition 8.2   *Die Zahl a heißt* G r e n z w e r t *(oder* L i m e s*) der Folge (a_n), wenn es zu jeder positiven Zahl ε einen Index n_0 gibt, so daß gilt*

$$|a_n - a| < \varepsilon \quad \textit{für alle} \quad n \geq n_0. \tag{8.14}$$

Ist a der Grenzwert der Folge (a_n), so schreibt man

$$\lim_{n \to \infty} a_n = a \quad \textit{oder} \quad a_n \to a \ \textit{für } n \to \infty.$$

Besitzt die Folge (a_n) einen Grenzwert, so heißt sie k o n v e r g e n t*, andernfalls* d i v e r g e n t*.*

In Beispiel 8.3 haben wir also gezeigt, daß

$$\lim_{n\to\infty} \frac{(-1)^n}{n} = 0 \qquad\qquad (8.15)$$

gilt, d. h., die Folge $\left(\dfrac{(-1)^n}{n}\right)_{n\geq 1}$ ist konvergent mit dem Grenzwert 0. Folgen mit dem Grenzwert 0 heißen **Nullfolgen**.

Beispiel 8.4   Die Folge $\left(\dfrac{n-1}{n}\right)_{n\geq 1}$ hat den Grenzwert $a = 1$, d. h., es gilt

$$\lim_{n\to\infty} \frac{n-1}{n} = 1.$$

Es ist nämlich $|a_n - a| = \left|\frac{n-1}{n} - 1\right| = \frac{1}{n}$, so daß man wie in Beispiel 8.3 schließen kann. Man betrachte hierzu noch einmal die Bilder 8.1 und 8.2.

Wegen $|a_n - a| < \varepsilon \Longleftrightarrow a - \varepsilon < a_n < a + \varepsilon$ ist (8.14) äquivalent zu

$$a_n \in (a - \varepsilon, a + \varepsilon) \quad \text{für alle} \quad n \geq n_0 \quad \text{(Bild 8.5)}.$$

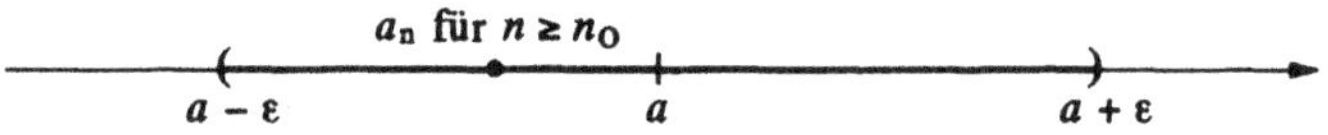

Bild 8.5

Ein Intervall der Form $(a - \varepsilon, a + \varepsilon)$, wobei ε eine positive Zahl ist, nennt man ε-**Umgebung** von a. Jede Menge $U \subset \mathbb{R}$, die eine (evtl. sehr kleine) ε-Umgebung von a enthält, heißt **Umgebung** von a. So ist z. B. $U = (1 - 10^{-6}, 2]$ eine Umgebung von $a = 1$, denn U enthält die 10^{-6}-Umgebung $(1 - 10^{-6}, 1 + 10^{-6})$ von 1. Dagegen ist $[1, 2]$ keine Umgebung von 1.

Nun kann man Definition 8.2 auch so formulieren:
$\lim_{n\to\infty} a_n = a$ *bedeutet, daß es zu jeder Umgebung U von a einen Index n_0 gibt mit*

$$a_n \in U \quad \text{für alle} \quad n \geq n_0 \quad \text{(Bild 8.5)}.$$

Wir kommen zu einem wichtigen Grenzwert. Man kann zeigen, daß die Folge

$$(a_n)_{n\geq 1} \quad \text{mit } a_n = \left(1 + \frac{1}{n}\right)^n$$

konvergent ist; ihr Grenzwert

$$\boxed{\ \mathrm{e} := \lim_{n\to\infty} \left(1 + \frac{1}{n}\right)^n\ } \qquad\qquad (8.16a)$$

heißt **Eulersche Zahl** (Leonhard Euler, 1707 - 1783). Diese Zahl ist irrational. Ihre Dezimaldarstellung haben wir bereits in 4.2 angegeben; sie beginnt mit

$$\mathrm{e} = 2,718\,281\,828\ldots$$

Zur numerischen Berechnung von e ist die Definition (8.16a) allerdings nicht geeignet, da die Folge (a_n) "sehr langsam" konvergiert, d. h., auch für große Indizes n weicht a_n noch stark von e ab. Zum Beispiel ist

$$a_n = 2,718\,145\,926\ldots \text{ für } n = 10^4.$$

Das zehntausendste Glied der Folge (a_n) unterscheidet sich also noch in der vierten Stelle nach dem Komma vom Grenzwert e. Wir erwähnen, daß man die Dezimaldarstellung von e aus der Formel

$$e = \lim_{n\to\infty} \sum_{k=0}^{n} \frac{1}{k!} = \lim_{n\to\infty} \left(1 + \frac{1}{1!} + \frac{1}{2!} + \ldots + \frac{1}{n!}\right) \tag{8.16b}$$

gewinnen kann. Mittels (8.16a) läßt sich die allgemeinere Formel

$$e^x = \lim_{n\to\infty} \left(1 + \tfrac{x}{n}\right)^n \text{ für jedes feste } x \in \mathbb{R} \tag{8.17}$$

beweisen. In dem folgenden Beispiel werden wir hiervon Gebrauch machen.

Beispiel 8.5   In Beispiel 8.2 hatten wir die Formel

$$K_n = k_0 \cdot \left(1 + \frac{p}{100}\right)^n$$

hergeleitet. Sie gibt an, auf welches Kapital K_n ein Anfangskapital k_0 nach n Jahren angewachsen ist, wenn jeweils nach einem Jahr p % Zinsen anfallen, die im weiteren mitverzinst werden.

Nun betrachten wir die *unterjährige Verzinsung*. Hierbei wird das Jahr in ν gleichlange Abschnitte (*Zinsperioden*) geteilt. Nach jeder Zinsperiode werden $\frac{p}{\nu}$ % Zinsen dem vorhandenen Kapital zugerechnet und im weiteren mitverzinst (z. B. $\nu = 12$: monatliche Verzinsung, $\nu = 360$: tägliche Verzinsung). Das Kapital wächst nun an auf

$$
\begin{aligned}
\tilde{K}_{1/\nu} &= k_0 \cdot \left(1 + \frac{p}{100\nu}\right) \text{ nach } \frac{1}{\nu} \text{ Jahr,} \\
\tilde{K}_{2/\nu} &= \tilde{K}_{1/\nu} \cdot \left(1 + \frac{p}{100\nu}\right) = k_0 \cdot \left(1 + \frac{p}{100\nu}\right)^2 \text{ nach } \frac{2}{\nu} \text{ Jahr,} \\
&\vdots \\
\tilde{K}_1 &= k_0 \cdot \left(1 + \frac{p}{100\nu}\right)^\nu \text{ nach 1 Jahr,} \\
&\vdots \\
\tilde{K}_{m/\nu} &= \tilde{K}_1^{m/\nu} = k_0 \cdot \left(1 + \frac{p}{100\nu}\right)^m \text{ nach } \frac{m}{\nu} \text{ Jahren.}
\end{aligned}
\tag{8.18}
$$

Wählt man die Zinsperioden immer kürzer, also ν immer größer, so gelangt man schließlich für $\nu \to \infty$ zur *kontinuierlichen Verzinsung*. Bei dieser ist das Anfangskapital k_0 (bei einem Jahreszinssatz von p %) angewachsen auf

$$K(1) = \lim_{\nu\to\infty} \left[k_0 \cdot \left(1 + \frac{p}{100\nu}\right)^\nu\right] = k_0 \cdot e^{\frac{p}{100}} \text{ nach einem Jahr}$$

(siehe (8.18) und (8.17)) und auf

$$K(t) = k_0 \cdot e^{\frac{p}{100}t} \quad \text{zu einem beliebigen Zeitpunkt } t \geq 0.$$

In Bild 8.4 ist für $p = 4,75$ neben den Quotienten k_n/k_0 (ohne Zinseszins) und K_n/k_0 (mit Zinseszins, Zinsperiode = 1 Jahr) auch $K(t)/k_0$ dargestellt.

In Abschnitt 10 behandeln wir weitere Anwendungen der Zahl e.

8.3   Divergente Zahlenfolgen

Beispiel 8.6   Die Folgen (a_n) und (b_n) mit

$$a_n = n^2 \quad \text{für} \quad n \in \mathbb{N}, \quad b_n = (-1)^n = \begin{cases} -1 & \text{für} \quad n \in \mathbb{N} \quad \text{ungerade,} \\ 1 & \text{für} \quad n \in \mathbb{N} \quad \text{gerade} \end{cases}$$

haben beide keinen Grenzwert. Ihr Divergenzverhalten ist jedoch qualitativ unterschiedlich. Während die Glieder der Folge (b_n) zwischen -1 und $+1$ "hin und her springen", wachsen die Glieder der Folge (a_n) "schließlich über jede Schranke ρ hinaus" (vgl. Bild 8.6). Dieses letztere Verhalten wird mit der folgenden Definition präzisiert.

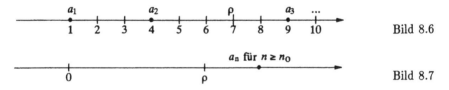

Bild 8.6

Bild 8.7

Definition 8.3   *Die Folge (a_n) heißt* b e s t i m m t   d i v e r g e n t   g e g e n *$+\infty$, in Zeichen*

$$\lim_{n\to\infty} a_n = +\infty \quad \text{oder} \quad a_n \to +\infty \quad \text{für} \quad n \to \infty,$$

wenn es zu jeder (noch so großen) positiven Zahl ρ einen Index n_0 gibt, so daß gilt (Bild 8.7)

$$a_n > \rho \quad \text{für alle} \quad n \geq n_0. \tag{8.19}$$

Gilt statt (8.19)

$$a_n < -\rho \quad \text{für alle} \quad n \geq n_0,$$

so heißt (a_n) b e s t i m m t   d i v e r g e n t   g e g e n   *$-\infty$, und man schreibt*

$$\lim_{n\to\infty} a_n = -\infty \quad \text{oder} \quad a_n \to -\infty \quad \text{für} \quad n \to \infty.$$

Ist (a_n) weder konvergent noch bestimmt divergent, so heißt (a_n) u n b e s t i m m t   d i v e r g e n t.

Man beachte, daß $+\infty$ und $-\infty$ nur Symbole zur knappen Beschreibung der durch Definition 8.3 charakterisierten Sachverhalte sind: Es sind keine reellen Zahlen und somit hat z. B. der "Bruch" $\frac{-\infty}{+\infty}$ keinen Sinn.

Beispiel 8.7 Wir betrachten die Folgen von Beispiel 8.6. Die Folge (b_n) ist unbestimmt divergent. Dagegen ist die Folge (a_n) bestimmt divergent gegen $+\infty$, d. h., es gilt

$$\lim_{n\to\infty} n^2 = +\infty. \tag{8.20}$$

Ist nämlich eine beliebige positive Zahl ρ gegeben, so gilt $n^2 > \rho \Longleftrightarrow n > \sqrt{\rho}$. Man braucht also nur $n_0 > \sqrt{\rho}$ zu wählen, und dann ist $n^2 > \rho$ für alle $n \geq n_0$. (In Bild 8.6 ist $\rho = 7$ gegeben und somit $n_0 > \sqrt{7}$, also z. B. $n_0 = 3$ zu wählen.)

Wir fassen zusammen: Jede Folge (a_n) ist
- konvergent mit einem Grenzwert $a \in \mathbb{R}$ ($\lim_{n\to\infty} a_n = a$) oder
- bestimmt divergent gegen $+\infty$ ($\lim_{n\to\infty} a_n = +\infty$) bzw. $-\infty$($\lim_{n\to\infty} a_n = -\infty$) oder
- unbestimmt divergent (kein Symbol).

8.4 Rechenregeln für konvergente und bestimmt divergente Zahlenfolgen

Der folgende Satz enthält Regeln, nach denen man mit konvergenten und – bis zu einem gewissen Grade – auch mit *bestimmt* divergenten Folgen rechnen kann.

Satz 8.1 *Es sei*

$$\lim_{n\to\infty} a_n = a \quad und \quad \lim_{n\to\infty} b_n = b.$$

(i) *Sind a und b reelle Zahlen (also (a_n) und (b_n) konvergent), so gilt*

$$\lim_{n\to\infty}(a_n \pm b_n) = a \pm b, \tag{8.21}$$

$$\lim_{n\to\infty}(a_n \cdot b_n) = a \cdot b,$$

$$\lim_{n\to\infty}\frac{a_n}{b_n} = \frac{a}{b}, \text{ falls } b \neq 0. \tag{8.22}$$

(ii) *Ist $a = \pm\infty$ und b eine reelle Zahl (also (a_n) bestimmt divergent und (b_n) konvergent), so gilt*

$$\lim_{n\to\infty}(a_n + b_n) = \pm\infty,$$

$$\lim_{n\to\infty}(a_n \cdot b_n) = \begin{cases} \pm\infty, & falls \ b > 0, \\ \mp\infty, & falls \ b < 0. \end{cases}$$

Mit der Schreibweise $\pm$ werden zwei Aussagen zusammengefaßt, z. B. steht (8.21) für

$$\lim_{n \to \infty} (a_n + b_n) = a + b \text{ und } \lim_{n \to \infty} (a_n - b_n) = a - b.$$

Zu (ii) bemerken wir, daß es keine allgemeingültige Regel zur Berechnung von $\lim_{n \to \infty} (a_n \cdot b_n)$ gibt, falls $a = \pm\infty$ und $b = 0$ ist. Wir fügen noch zwei spezielle Grenzwertaussagen hinzu (vgl. (8.15) und (8.20)) und erinnern an (8.17):

$$\lim_{n \to \infty} \frac{1}{n^\alpha} = 0 \quad \text{für jedes feste} \quad \alpha > 0, \tag{8.23}$$

$$\lim_{n \to \infty} n^\alpha = +\infty \quad \text{für jedes feste} \quad \alpha > 0, \tag{8.24}$$

$$\lim_{n \to \infty} \left(1 + \frac{x}{n}\right)^n = e^x \quad \text{für jedes feste} \quad x \in \mathbb{R}. \tag{8.25}$$

Hiermit und mit Satz 8.1 kann man weitere Grenzwerte leicht berechnen.

Beispiel 8.8   Gesucht ist der Grenzwert $a = \lim\limits_{n \to \infty} \dfrac{5n^3 - 1}{2n^3 + 6n - 7}$.

Hier kann (8.22) nicht unmittelbar angewendet werden, da die Folgen im Zähler und im Nenner (bestimmt) divergent sind (vgl. (8.24)). Klammert man aber die jeweils höchste Potenz von n im Zähler und im Nenner aus und kürzt, so erhält man mit (8.23) und (8.22)

$$a = \lim_{n \to \infty} \frac{n^3(5 - \frac{1}{n^3})}{n^3(2 + \frac{6}{n^2} - \frac{7}{n^3})} = \lim_{n \to \infty} \frac{5 - \frac{1}{n^3}}{2 + \frac{6}{n^2} - \frac{7}{n^3}} = \frac{5 - 0}{2 + 0 - 0} = \frac{5}{2}.$$

Entsprechend geht man in den folgenden Beispielen vor.

Beispiel 8.9   Es gilt

$$\lim_{\nu \to \infty} \frac{-\nu^3 + 7\nu^2}{4\nu^2 + 3\nu - 1} = \lim_{\nu \to \infty} \frac{\nu^3(-1 + \frac{7}{\nu})}{\nu^2(4 + \frac{3}{\nu} - \frac{1}{\nu^2})} = \lim_{\nu \to \infty} \left(\nu \cdot \frac{-1 + \frac{7}{\nu}}{4 + \frac{3}{\nu} - \frac{1}{\nu^2}}\right) = -\infty,$$

wobei zuletzt Satz 8.1 (ii) mit $a = +\infty$ und $b = -\frac{1}{4} < 0$ angewendet wurde.

Beispiel 8.10   Man erhält

$$\lim_{k \to \infty} \left[\frac{5k + 1}{k^3} + \left(1 - \frac{1}{2k}\right)^k\right]$$

$$= \lim_{k \to \infty} \left[\frac{1}{k^2} \cdot \left(5 + \frac{1}{k}\right) + \left(1 + \frac{-\frac{1}{2}}{k}\right)^k\right] = 0 \cdot 5 + e^{-\frac{1}{2}} = \frac{1}{\sqrt{e}}.$$

Hierbei wurde u. a. (8.25) mit $x = -\frac{1}{2}$ verwendet.

*Bemerkung 8.2 Aus einer gegebenen Folge (a_k) bilden wir eine neue Folge (s_n), indem wir

$$s_0 := a_0, \; s_1 := a_0 + a_1, \; s_2 := a_0 + a_1 + a_2, \ldots, s_n := \sum_{k=0}^{n} a_k$$

setzen. Man nennt die Folge (s_n) **unendliche Reihe** und bezeichnet sie mit

$$\sum_{k=0}^{\infty} a_k \quad \text{oder} \quad a_0 + a_1 + \ldots + a_n + \ldots$$

Analog ist $\sum_{k=p}^{\infty} a_k = a_p + a_{p+1} + \ldots + a_n + \ldots$ erklärt, falls p irgendeine ganze Zahl ist. Wenn der Grenzwert

$$s := \lim_{n \to \infty} s_n = \lim_{n \to \infty} \sum_{k=0}^{n} a_k$$

existiert, so heißt er **Summe** der unendlichen Reihe, und man schreibt $s = \sum_{k=0}^{\infty} a_k$.

Mit dieser Bezeichnung können wir die Formel (8.16b) auch in der folgenden Form schreiben:

$$e = \sum_{k=0}^{\infty} \frac{1}{k!} = 1 + \frac{1}{1!} + \frac{1}{2!} + \cdots + \frac{1}{k!} + \cdots$$

Nun sei eine beliebige positive reelle Zahl s in Dezimalbruchdarstellung gegeben: $s = z_0, z_1 z_2 \ldots z_n \ldots$ Man kann zeigen, daß die Folge der Zahlen

$$s_n := z_0 + \sum_{k=1}^{n} \frac{z_k}{10^k} = \sum_{k=0}^{n} \frac{z_k}{10^k} \tag{8.26}$$

den Grenzwert s hat, also $s = \sum_{k=0}^{\infty} \frac{z_k}{10^k}$ gilt. Ist $s < 0$, so verfährt man entsprechend mit $-s$. Da jede der Zahlen s_n rational ist, hat man die folgende Aussage:

Jede reelle Zahl ist der Grenzwert einer Folge rationaler Zahlen.

Hiermit können wir die Definition der Potenz a^s für ein beliebiges $s \in \mathbb{R}$ (und $a > 0$) nachtragen (vgl. 4.1):
Man setzt

$$a^s := \lim_{n \to \infty} a^{s_n}, \tag{8.27}$$

wobei (s_n) eine Folge rationaler Zahlen mit dem Grenzwert s ist. Es läßt sich nachweisen, daß für jede solche Folge (s_n) der Grenzwert in (8.27) existiert und stets denselben Wert hat. Man kann s_n also z. B. gemäß (8.26) wählen. In 4.1 wurde diese Konstruktion für die Zahl $3^{\sqrt{2}}$ bereits angedeutet: Für $s = \sqrt{2} = 1,414\ldots$ sind die ersten Glieder der gemäß (8.26) gebildeten Folge die rationalen Zahlen $s_0 = 1$, $s_1 = 1,4 = \frac{14}{10}$, $s_2 = 1,41 = \frac{141}{100}$ usw.

9 Grenzwert und Stetigkeit von Funktionen

9.1 Der Begriff des Grenzwertes einer Funktion

Wir wollen das Verhalten einer Funktion f bei "Annäherung" der unabhängigen Variablen x an eine Stelle $x^* \in \mathbb{R}$ untersuchen.

Als Beispiel betrachten wir zuerst die Funktion $f(x) = x^2$. Die Anschauung (s. Bild 9.1; die Stellen x_n und $f(x_n)$ lassen wir zunächst außer acht) legt etwa folgende Formulierung nahe: "Für x gegen $x^* = 2$ nähert sich $f(x)$ dem Wert $a = 4$."

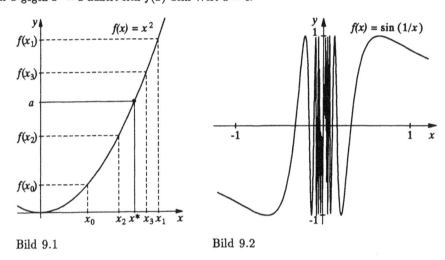

Bild 9.1　　　　　　　　　Bild 9.2

Ganz anders verhält sich die Funktion $f(x) = \sin\frac{1}{x}$, $x \neq 0$, bei "Annäherung" an die Stelle $x = 0$: Die Funktion oszilliert hierbei immer stärker (Bild 9.2), so daß eine "Annäherung" der Funktionswerte $f(x)$ an eine bestimmte Zahl anschaulich nicht feststellbar ist.

Wir definieren nun den wichtigen Begriff des Grenzwertes von Funktionen, mit dem die angedeuteten Phänomene exakt beschrieben werden können. Dazu setzen wir voraus, daß der Definitionsbereich D der Funktion f eine Menge der Form

$$(x^* - \varepsilon, x^*) \cup (x^*, x^* + \varepsilon) \tag{9.1}$$

enthält, wobei ε eine (evtl. sehr kleine) positive Zahl ist (Bild 9.3).

Bild 9.3

Hierdurch ist gewährleistet, daß das Verhalten von f "für x gegen x^*" untersucht werden kann. Da bei diesen Betrachtungen der Wert von f an der Stelle x^* selbst nicht interessiert, braucht x^* nicht zu D zu gehören. Eine Menge der Form (9.1) unterscheidet sich von einer ε-Umgebung von x^* (s. 8.2) dadurch, daß der Punkt x^* "entfernt" wurde, und sie heißt **punktierte ε-Umgebung** von x^*.

Definition 9.1 *Der Definitionsbereich D der Funktion f enthalte eine Menge der Form (9.1). Die Zahl a heißt* G r e n z w e r t *(oder* L i m e s*) von f für x gegen x^*, in Zeichen*

$$a = \lim_{x \to x^*} f(x),$$

wenn für jede Folge (x_n) mit

$$x_n \in D, \ x_n \neq x^* \ \text{für} \ n \in \mathbb{N} \quad \text{und} \quad \lim_{n \to \infty} x_n = x^* \tag{9.2}$$

stets gilt

$$\lim_{n \to \infty} f(x_n) = a.$$

Beispiel 9.1 Wir kommen auf die Funktion $f(x) = x^2$ zurück und behaupten

$$\lim_{x \to 2} x^2 = 4. \tag{9.3}$$

(Hier ist $D = \mathbb{R}$, und man kann z. B. $\varepsilon = 1$ wählen.) Wir betrachten zunächst die spezielle Folge (x_n) mit $x_n = 2 + \frac{(-1)^{n+1}}{n+1}$ für $n \in \mathbb{N}$ (Bild 9.1). Es gilt

$$x_n \neq 2 \ \text{für alle } n \quad \text{und} \quad \lim_{n \to \infty} x_n = 2, \tag{9.4}$$

d. h., (x_n) ist eine Folge mit den Eigenschaften (9.2). Für die zugehörige Folge der Funktionswerte $f(x_n)$ gilt

$$\lim_{n \to \infty} f(x_n) = \lim_{n \to \infty} \left[2 + \frac{(-1)^{n+1}}{n+1} \right]^2 = \lim_{n \to \infty} \left[2 + \frac{(-1)^{n+1}}{n+1} \right] \cdot \lim_{n \to \infty} \left[2 + \frac{(-1)^{n+1}}{n+1} \right] = 4.$$

Hiermit ist allerdings die Behauptung (9.3) keineswegs bewiesen: Gemäß Definition 9.1 muß ja für *jede* Folge (x_n) mit den Eigenschaften (9.4) die Aussage $\lim_{n \to \infty} f(x_n) = 4$ gezeigt werden. Dies ist nur dadurch möglich, daß man mit (x_n) eine *beliebige* Folge bezeichnet, für die man lediglich die Eigenschaften (9.4) voraussetzt. Dann erhält man aber wie oben

$$\lim_{n \to \infty} f(x_n) = \lim_{n \to \infty} x_n^2 = \lim_{n \to \infty} x_n \cdot \lim_{n \to \infty} x_n = 2 \cdot 2 = 4.$$

Hiermit ist nun (9.3) bewiesen.

Beispiel 9.2 Wir behaupten, daß die Funktion $f(x) = \sin \frac{1}{x}, x \neq 0$, für x gegen $x^* = 0$ keinen Grenzwert besitzt (Bild 9.2). Zum Beweis dieser (negativen) Behauptung genügt es, *spezielle* Folgen (x_n) mit

$$x_n \neq 0 \ \text{für alle } n \quad \text{und} \quad \lim_{n \to \infty} x_n = 0 \tag{9.5}$$

zu betrachten. Es sei zuerst $x_n = 1/(n\pi)$ für $n = 1, 2, \ldots$ Dann gilt (9.5) und

$$\lim_{n\to\infty} f(x_n) = \lim_{n\to\infty} \sin(n\pi) = 0.$$

Nun sei $\tilde{x}_n = 2/(\pi + 4n\pi)$ für $n = 0, 1, 2, \ldots$ Dann gilt ebenfalls (9.5) (mit $\tilde{x}_n$ statt x_n), aber

$$\lim_{n\to\infty} f(\tilde{x}_n) = \lim_{n\to\infty} \sin\left(\frac{\pi}{2} + 2n\pi\right) = 1.$$

Eine "gemeinsame" Zahl a, wie in Definition 9.1 gefordert, gibt es in diesem Falle nicht; der Grenzwert $\lim_{x\to 0} \sin\frac{1}{x}$ existiert also nicht. Dies hat übrigens nichts damit zu tun, daß die Funktion $f(x) = \sin\frac{1}{x}$ an der Stelle $x = 0$ nicht definiert ist. Statt f könnte man z. B. auch die durch $g(x) = \sin\frac{1}{x}$ für $x \neq 0$ und $g(0) = 1$ definierte Funktion g betrachten. Mit der gleichen Begründung wie oben ergibt sich, daß $\lim_{x\to 0} g(x)$ nicht existiert.

Ein Sonderfall der Nichtexistenz des Grenzwertes $\lim_{x\to x^*} f(x)$ liegt vor, wenn für jede Folge (x_n) mit den Eigenschaften (9.2) die Folge der Funktionswerte $f(x_n)$ bestimmt divergent gegen $+\infty$ ist; man sagt dann, die Funktion f sei für x gegen x^* **bestimmt divergent** gegen $+\infty$ und schreibt dafür

$$\lim_{x\to x^*} f(x) = +\infty.$$

Analog ist die Aussage $\lim_{x\to x^*} f(x) = -\infty$ erklärt.

Bisher haben wir die "Bewegung" $x \to x^*$ (wobei $x^* \in \mathbb{R}$) betrachtet, die durch Folgen (x_n) mit den Eigenschaften (9.2) realisiert wird. Ganz analog kann man das Verhalten einer Funktion f bei anderen "Bewegungen" der unabhängigen Variablen x mittels Folgen (x_n) und den zugehörigen Funktionswertfolgen $(f(x_n))$ charakterisieren. Die Tabelle 9.1 deutet dies an.

Beispiel 9.3   Die Funktion

$$f(x) = \begin{cases} \dfrac{3}{x} & \text{für} \quad 0 < x < 2, \\ x^2 & \text{für} \quad 2 \leq x < +\infty \end{cases}$$

soll bei "Annäherung" an die Stelle $x^* = 2$ untersucht werden (Bild 9.4; der "volle" bzw. "leere" Kreis soll andeuten, daß der jeweilige Punkt zum Graphen von f gehört bzw. nicht gehört).

Hier ist $D = (0, +\infty)$. Für eine beliebige Folge (x_n) mit $x_n > 2$ für alle n und $\lim_{n\to\infty} x_n = 2$ erhält man (vgl. Beispiel 9.1) $\lim_{n\to\infty} f(x_n) = \lim_{n\to\infty} x_n^2 = 4$. Also ist $\lim_{x\to 2+0} f(x) = 4$. Ist aber $(\tilde{x}_n)$ eine beliebige Folge mit $0 < \tilde{x}_n < 2$ für alle n und $\lim_{n\to\infty} \tilde{x}_n = 2$, so gilt $\lim_{n\to\infty} f(\tilde{x}_n) = \lim_{n\to\infty} \frac{3}{\tilde{x}_n} = \frac{3}{2}$. Somit ist $\lim_{x\to 2-0} f(x) = 3/2$.
Da **rechtsseitiger Grenzwert** $\lim_{x\to 2+0} f(x)$ und **linksseitiger Grenzwert** $\lim_{x\to 2-0} f(x)$ voneinander verschieden sind, existiert der Grenzwert $\lim_{x\to 2} f(x)$ nicht.

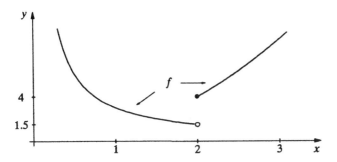

Bild 9.4

Symbol	Folgen (x_n)	Voraussetzung an D
$\lim_{x \to x^*} f(x)$	$x_n \in D, x_n \neq x^*$ für $n = 1, 2, \ldots$ $\lim_{n \to \infty} x_n = x^*$	$(x^* - \varepsilon, x^*) \cup (x^*, x^* + \varepsilon) \subset D$ mit $\varepsilon > 0$
$\lim_{x \to x^*-0} f(x)$	$x_n \in D, x_n < x^*$ für $n = 1, 2, \ldots$ $\lim_{n \to \infty} x_n = x^*$	$(x^* - \varepsilon, x^*) \subset D$ mit $\varepsilon > 0$
$\lim_{x \to x^*+0} f(x)$	$x_n \in D, x_n > x^*$ für $n = 1, 2, \ldots$ $\lim_{n \to \infty} x_n = x^*$	$(x^*, x^* + \varepsilon) \subset D$ mit $\varepsilon > 0$
$\lim_{x \to -\infty} f(x)$	$x_n \in D,$ $\lim_{n \to \infty} x_n = -\infty$	$(-\infty, c) \subset D$ mit $c \in \mathbb{R}$
$\lim_{x \to +\infty} f(x)$	$x_n \in D$ $\lim_{n \to \infty} x_n = +\infty$	$(c, +\infty) \subset D$ mit $c \in \mathbb{R}$

Tabelle 9.1

Beispiel 9.4   Wir betrachten die Funktion $f(x) = \dfrac{1}{x}$ auf $D = (x \in \mathbb{R}\mid x \neq 0)$ (Bild 9.5). Insbesondere ist $(0, +\infty) \subset D$, so daß f für $x \to +\infty$ untersucht werden kann. Ist (x_n) eine beliebige Folge in D mit $\lim_{n \to \infty} x_n = +\infty$, so gilt $\lim_{n \to \infty} \frac{1}{x_n} = 0$ (vgl. (8.23)). Daher ist $\lim_{x \to +\infty} \frac{1}{x} = 0$. Bezüglich der folgenden Aussagen, die man analog verifizieren kann, verweisen wir nur auf den Graphen der Funktion f :

$$\lim_{x \to -\infty} \frac{1}{x} = 0, \quad \lim_{x \to -0} \frac{1}{x} = -\infty, \quad \lim_{x \to +0} \frac{1}{x} = +\infty.$$

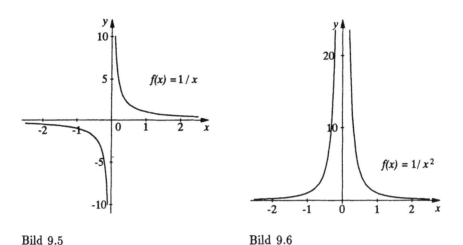

Bild 9.5   Bild 9.6

Ähnlich findet man (Bild 9.6)

$$\lim_{x \to -\infty} \frac{1}{x^2} = \lim_{x \to +\infty} \frac{1}{x^2} = 0, \quad \lim_{x \to 0} \frac{1}{x^2} = +\infty.$$

In Verallgemeinerung dieser Aussagen gilt

$$\lim_{x \to -\infty} \frac{1}{x^k} = \lim_{x \to +\infty} \frac{1}{x^k} = 0 \text{ für } k \in \mathbb{N}, \, k \geq 1, \tag{9.6a}$$

$$\lim_{x \to -0} \frac{1}{x^k} = -\infty, \quad \lim_{x \to +0} \frac{1}{x^k} = +\infty \quad \text{für } k \in \mathbb{N}, k \text{ ungerade}, \tag{9.6b}$$

$$\lim_{x \to 0} \frac{1}{x^k} = +\infty \text{ für } k \in \mathbb{N}, k \text{ gerade}, \, k \geq 2. \tag{9.6c}$$

Abschließend notieren wir noch die folgenden Aussagen:

$$\lim_{x \to +0} \ln x = -\infty, \quad \lim_{x \to +\infty} \ln x = +\infty \text{ (Bild 9.7)}, \tag{9.7}$$

$$\lim_{x \to 0} \frac{\sin x}{x} = 1 \quad \text{(Bild 9.8)}, \tag{9.8}$$

$$\lim_{x \to +\infty} \frac{a^x}{x^k} = +\infty \quad \text{für } a > 1, \quad k \in \mathbb{N}. \tag{9.9}$$

Im Sinne der letzten Gleichung wächst die Exponentialfunktion $f(x) = a^x$ für $x \to +\infty$ schneller als jede Potenzfunktion $f_1(x) = x^k$.

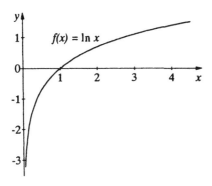

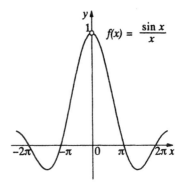

Bild 9.7   Bild 9.8

9.2 Rechenregeln für Grenzwerte

Mit dem folgenden Satz, der sich aus den entsprechenden Regeln für Zahlenfolgen ergibt, kann man in vielen Fällen Grenzwerte berechnen. Diese Regeln gelten für jede der "Bewegungen" $x \to x^*$, $x \to x^* - 0$, $x \to x^* + 0$, $x \to -\infty$ und $x \to +\infty$; daher schreiben wir nur "lim".

Satz 9.1 *Es sei*

$$\lim f_1(x) = a_1 \quad und \quad \lim f_2(x) = a_2.$$

(i) *Sind a_1 und a_2 reelle Zahlen, so gilt*

$$\lim[f_1(x) \pm f_2(x)] = a_1 \pm a_2,$$
$$\lim[f_1(x) \cdot f_2(x)] = a_1 \cdot a_2,$$
$$\lim \frac{f_1(x)}{f_2(x)} = \frac{a_1}{a_2} \quad (falls\ a_2 \neq 0).$$

(ii) *Ist $a_1 = \pm\infty$ und a_2 eine reelle Zahl, so gilt*

$$\lim[f_1(x) + f_2(x)] = \pm\infty,$$
$$\lim[f_1(x) \cdot f_2(x)] = \begin{cases} \pm\infty, & falls\quad a_2 > 0, \\ \mp\infty, & falls\quad a_2 < 0. \end{cases}$$

Beispiel 9.5 Mit Satz 9.1 (i) und (9.8) erhält man

$$\lim_{x \to 0} \left[\frac{(x-3)^2}{x} \sin x \right] = \lim_{x \to 0} \left[(x-3)^2 \cdot \frac{\sin x}{x} \right] = (-3)^2 \cdot 1 = 9.$$

Beispiel 9.6   Zur Berechnung des Grenzwertes

$$g := \lim_{x \to +\infty} \frac{3x^2 - 2x + 1}{7x^2 + 5x - 2}$$

geht man analog vor wie in Beispiel 8.8:

$$g = \lim_{x \to +\infty} \frac{x^2(3 - \frac{2}{x} + \frac{1}{x^2})}{x^2(7 + \frac{5}{x} - \frac{2}{x^2})} = \lim_{x \to +\infty} \frac{3 - \frac{2}{x} + \frac{1}{x^2}}{7 + \frac{5}{x} - \frac{2}{x^2}} = \frac{3}{7}.$$

Zuletzt wurden Satz 9.1 (i) sowie die Formeln (9.6a) angewendet.

Beispiel 9.7   Ähnlich wie im voranstehenden Beispiel erhält man

$$\lim_{x \to +\infty} \frac{2x^3 + x^2}{-5x + 3} = \lim_{x \to +\infty} \frac{x^3(2 + \frac{1}{x})}{x(-5 + \frac{3}{x})}$$

$$= \lim_{x \to +\infty} \left(x^2 \cdot \frac{2 + \frac{1}{x}}{-5 + \frac{3}{x}} \right) = -\infty.$$

In der letzten Zeile wurde Satz 9.1 (ii) mit $a_1 = +\infty$ und $a_2 = -\frac{2}{5} < 0$ angewendet.

9.3   Der Begriff der Stetigkeit

Die Stetigkeit einer Funktion f an einer Stelle x^* soll bedeuten, daß der Graph von f an dieser Stelle "nicht abreißt" (Verlauf z. B. wie in Bild 9.9a und nicht wie in Bild 9.9b).

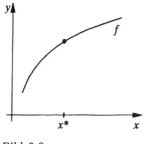

Bild 9.9a

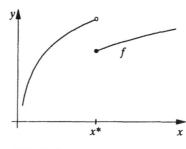

Bild 9.9b

Diese etwas vage Vorstellung wird mit der folgenden Definition präzisiert.

Definition 9.2   *Die (in einer Umgebung der Stelle x^* definierte) Funktion f heißt an der Stelle x^* s t e t i g, wenn gilt*

$$\lim_{x \to x^*} f(x) = f(x^*).$$

Ausführlicher bedeutet dies: Die Funktion f ist genau dann an der Stelle x^* stetig, wenn linksseitiger Grenzwert $\lim\limits_{x\to x^*-0} f(x)$, rechtsseitiger Grenzwert $\lim\limits_{x\to x^*+0} f(x)$ und Funktionswert $f(x^*)$ existieren und alle drei Werte übereinstimmen.

Beispiel 9.8 Die Funktion $f(x) = x^2, x \in \mathbb{R}$, ist an der Stelle $x^* = 2$ stetig, denn nach Beispiel 9.1 gilt

$$\lim_{x\to 2} f(x) = \lim_{x\to 2} x^2 = 4 = f(2).$$

Beispiel 9.9 Die Funktion

$$f(x) = \frac{\sin x}{x}, \quad x \neq 0,$$

ist an der Stelle $x^* = 0$ nicht definiert und somit dort nicht stetig. Nach (9.8) gilt jedoch $\lim\limits_{x\to 0} \frac{\sin x}{x} = 1$. Erklärt man eine neue Funktion $\tilde{f}$ durch

$$\tilde{f}(x) = \begin{cases} \dfrac{\sin x}{x} & \text{für} \quad x \neq 0, \\ 1 & \text{für} \quad x = 0, \end{cases}$$

so unterscheidet sich $\tilde{f}$ nur an der Stelle $x^* = 0$ von f und ist dort stetig (Bild 9.8). Man nennt $x^* = 0$ daher **hebbare Unstetigkeitsstelle** von f.

Beispiel 9.10 Wir betrachten die Funktion

$$f(x) = \begin{cases} \sin \dfrac{1}{x} & \text{für} \quad x \neq 0, \\ c & \text{für} \quad x = 0, \end{cases}$$

wobei c eine reelle Zahl ist. Nach Beispiel 9.2 existiert der Grenzwert

$$\lim_{x\to 0} f(x) = \lim_{x\to 0} \sin \frac{1}{x}$$

nicht. Daher ist die Funktion f an der Stelle $x^* = 0$ nicht stetig, wie man die Zahl c auch wählen mag (Bild 9.2).

Beispiel 9.11 Für die Funktion

$$f(x) = \begin{cases} \dfrac{3}{x} & \text{für} \quad 0 < x < 2, \\ x^2 & \text{für} \quad 2 \leq x < +\infty \quad \text{(Bild 9.4)} \end{cases}$$

existiert der Grenzwert $\lim\limits_{x\to 2} f(x)$ nicht (Beispiel 9.3), so daß f an der Stelle $x^* = 2$ nicht stetig ist. Jedoch gilt

$$\lim_{x\to 2+0} f(x) = 4 = f(2).$$

Da rechtsseitiger Grenzwert und Funktionswert übereinstimmen, sagt man, die Funktion f sei an der Stelle $x^* = 2$ *rechtsseitig stetig*.

Allgemein heißt die Funktion f an der Stelle x^*

– **rechtsseitig stetig**, wenn $\lim\limits_{x \to x^*+0} f(x) = f(x^*)$,

– **linksseitig stetig**, wenn $\lim\limits_{x \to x^*-0} f(x) = f(x^*)$.

Die Funktion f heißt **auf dem Intervall** I **stetig**, wenn sie an jeder Stelle $x^* \in I$ stetig ist; hierbei ist in zu I gehörigen Randpunkten von I die jeweilige einseitige Stetigkeit gemeint.

Wenn die einseitigen Grenzwerte $\lim\limits_{x \to x^*+0} f(x)$ und $\lim\limits_{x \to x^*-0} f(x)$ beide existieren, aber verschieden sind, heißt $\bar{x}^*$ **Sprungstelle** der Funktion f. Dort ist die Funktion f nicht stetig. Für die in Beispiel 9.11 betrachtete Funktion f ist $x^* = 2$ eine Sprungstelle. Wir behandeln noch ein Beispiel aus der Marktwirtschaft.

Beispiel 9.12   Der Tarif für Erdgas hängt von der abgenommenen Menge ab. Bis zu einer Menge von 1200 m^3 gelte ein Kleinverbrauchertarif von 0,72 DM/m^3, für darüberliegende Mengen (bis zu einer gewissen Obergrenze b) kann z. B. ein Heizgastarif von 0,51 DM/m^3 vereinbart werden. Der Tarif T (in DM/m^3) ist also eine Funktion der abgenommenen Menge x (in m^3):

$$T = f(x) = \begin{cases} 0,72 & \text{für} \quad 0 \le x \le 1200, \\ 0,51 & \text{für} \quad 1200 < x \le b \end{cases} \quad \text{(Bild 9.10)}.$$

Für diese Funktion ist $x = 1200$ eine Sprungstelle; dort ist f linksseitig, aber nicht rechtsseitig stetig.

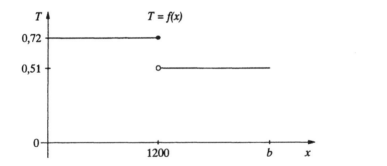

Bild 9.10

9.4   Das Rechnen mit stetigen Funktionen

Der folgende Satz stellt die Stetigkeit einer ganzen Palette von Funktionen fest.

Satz 9.2   *Jede Grundfunktion* (s. Abschnitt 4.4) *ist stetig auf jedem Intervall, das zu ihrem Definitionsbereich gehört.*

Nach diesem Satz sind z. B. stetig:

$$f(x) = \cos x \quad \text{auf} \quad \mathbb{R},$$

$$f(x) = \tan x \quad \text{auf} \quad \left(-\frac{\pi}{2} + k\pi, \frac{\pi}{2} + k\pi\right) \quad \text{für} \quad k = 0, \pm 1, \pm 2, \ldots,$$

$$f(x) = \arcsin x \quad \text{auf} \quad [-1, 1],$$

$$f(x) = \ln x \quad \text{auf} \quad (0, +\infty).$$

Wegen der Stetigkeit von $f(x) = \cos x$ gilt z. B. an der Stelle $x_0 = \frac{\pi}{3}$

$$\lim_{x \to \frac{\pi}{3}} \cos x = \cos \frac{\pi}{3} = \frac{1}{2}.$$

Wir geben nun Regeln an, nach denen sich die Stetigkeit bei gewissen Operationen überträgt.

Satz 9.3 (i) *Sind die Funktionen f_1 und f_2 an der Stelle x_0 stetig, so sind auch die Funktionen*

$$f_1 \pm f_2, \ c \cdot f_1 \quad (c \in \mathbb{R}, \ konstant), \ f_1 \cdot f_2 \ und$$

$$\frac{f_1}{f_2}, \quad falls \quad f_2(x_0) \neq 0,$$

an der Stelle x_0 stetig.
(ii) *Ist die "innere" Funktion g an der Stelle x_0 und die "äußere" Funktion f an der Stelle $g(x_0)$ stetig, so ist die Komposition $f \circ g$ an der Stelle x_0 stetig.*

Mit den Sätzen 9.2 und 9.3 kann man die Stetigkeit einer Vielzahl von Funktionen nachweisen.

Beispiel 9.13   Jede ganz rationale Funktion ist auf $\mathbb{R}$ stetig, jede gebrochen rationale Funktion ist außerhalb der Nullstellen der Nennerfunktion stetig. Dies folgt aus der Stetigkeit der Potenzfunktionen (Satz 9.2) durch Anwendung von Satz 9.3 (i).

Beispiel 9.14   Wir betrachten die Vorschrift $F(x) = \exp \sqrt{3x - 2}$, die sich ergibt aus

$$y = h(x) = 3x - 2, \ z = g(y) = \sqrt{y} \ \text{und} \ w = f(z) = \exp z.$$

Da $\sqrt{y}$ nur für $y \geq 0$ definiert ist, muß $3x - 2 \geq 0$, also $x \geq \frac{2}{3}$ vorausgesetzt werden. Für diese x ist $F(x) = f(g(h(x))) = f \circ g \circ h(x)$ definiert. Ist $x_0 > \frac{2}{3}$, so sind folgende Funktionen stetig: h bei x_0 (nach Beispiel 9.13), g bei $y_0 = h(x_0) > 0$ (nach Satz 9.2) und f bei $z_0 = g(y_0)$ (nach Satz 9.2). Somit ist F nach Satz 9.3 (ii) bei x_0 stetig.

An der Stelle $x_0 = \frac{2}{3}$ ist Satz 9.3 (ii) nicht anwendbar, da die Funktion g bei $y_0 = h\left(\frac{2}{3}\right) = 0$ nur rechtsseitig stetig ist. Durch Betrachtung beliebiger Folgen (x_n) mit $x_n > \frac{2}{3}$ für $n = 1, 2, \ldots$ und $\lim_{n \to \infty} x_n = \frac{2}{3}$ (vgl. Tabelle 9.1) kann man zeigen, daß die Funktion F bei $x_0 = \frac{2}{3}$ rechtsseitig stetig ist.

9.5   Nullstellensatz und Halbierungsverfahren

Für stetige Funktionen gilt eine wichtige Aussage über die Existenz von Nullstellen.

Satz 9.4   (Nullstellensatz). *Ist die Funktion f auf dem Intervall $[a, b]$ stetig und haben $f(a)$ und $f(b)$ entgegengesetzte Vorzeichen, so gibt es (mindestens) ein $\bar{x} \in (a, b)$ mit $f(\bar{x}) = 0$.*

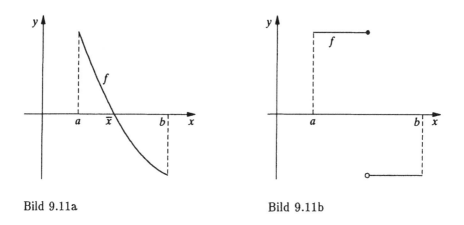

Bild 9.11a   Bild 9.11b

Bild 9.11a illustriert den Satz: "Will der Graph von f von oberhalb der x-Achse nach unterhalb gelangen, so muß er die x-Achse (mindestens einmal) schneiden." Daß dieser Schluß nicht richtig zu sein braucht, wenn die Funktion f auch nur an e i n e r Stelle des Intervalls $[a, b]$ nicht stetig ist, zeigt Bild 9.11b.

Die Ermittlung der Nullstellen einer Funktion f, also der Lösungen der Gleichung $f(x) = 0$, gelingt nur in Spezialfällen durch elementare Umformungen (z. B. für quadratische Funktionen, vgl. Kap. 4). Auf der Grundlage von Satz 9.4 können wir nun ein einfaches *numerisches Verfahren* für diese Aufgabe beschreiben, das auf beliebige stetige Funktionen anwendbar ist: das **Halbierungsverfahren**.

Gesucht ist eine Lösung $\bar{x}$ der Gleichung

$$f(x) = 0,$$

wobei f eine stetige Funktion sei. Man ermittelt durch Probieren oder durch eine Skizze ein Intervall $[a, b]$, so daß $f(a)$ und $f(b)$ entgegengesetzte Vorzeichen haben, also $f(a) \cdot f(b) < 0$ gilt. Nach Satz 9.4 ist dann $a < \bar{x} < b$. Nun halbiert man das Intervall $[a, b]$ und berechnet den Funktionswert im Intervallmittelpunkt: $f\left(\dfrac{a+b}{2}\right)$. Ist (wie in Bild 9.11a)

$$f(a) \cdot f\left(\frac{a+b}{2}\right) < 0,$$

so gilt genauer $a < \bar{x} < \dfrac{a+b}{2}$ (wiederum nach Satz 9.4). Nun halbiert man das Intervall $\left[a, \dfrac{a+b}{2}\right]$ usw. Durch Fortsetzung des Verfahrens kann man die Lösung $\bar{x}$ beliebig genau einschließen.

Beispiel 9.15   Gesucht ist eine Lösung $\bar{x}$ der Gleichung

$$\mathrm{e}^x + x^3 - 2 = 0. \tag{9.10}$$

Da eine elementare Auflösung nicht möglich, aber die Funktion $f(x) := \mathrm{e}^x + x^3 - 2$ auf $\mathbb{R}$ stetig ist, wenden wir das Halbierungsverfahren an. Ein die Lösung $\bar{x}$ enthaltendes Anfangsintervall $[a_0, b_0]$ können wir z. B. aus Bild 9.12 ablesen: Wegen

$$\mathrm{e}^x + x^3 - 2 = 0 \Longleftrightarrow \mathrm{e}^x = 2 - x^3$$

ist $\bar{x}$ zugleich Abszisse des Schnittpunkts der Graphen von $f_1(x) := \mathrm{e}^x$ und $f_2(x) := 2 - x^3$. (Die Anfertigung einer Skizze der Funktion f wäre aufwendiger.)

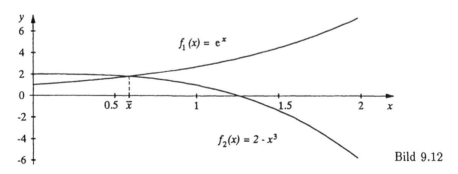

Bild 9.12

Wir starten also mit $[a_0, b_0] := [0, 1]$. Es ist

$$f(0) = -1, \quad f(1) = 1.718\ldots, \quad f(0.5) = -0.226\ldots$$

Wegen $f(0.5) \cdot f(1) < 0$ gilt $0.5 < \bar{x} < 1$, so daß wir nun das Intervall $[a_1, b_1] := [0.5, 1]$ halbieren usw. Tabelle 9.2 enthält einige Werte, die sich bei achtstelliger Computerrechnung ergeben.

n	a_n	b_n	$f(a_n)$	$f(b_n)$
0	0.000 000 00	1.000 000 00	-1.000 000 00	1.718 281 83
1	0.500 000 00	1.000 000 00	-0.226 278 73	1.718 281 83
2	0.500 000 00	0.750 000 00	-0.226 278 73	0.538 875 02
$\vdots$				
10	0.585 937 50	0.586 914 06	-0.002 159 75	0.000 603 18
$\vdots$				
26	0.586 701 01	0.586 701 02	-0.000 000 04	0.000 000 00

Tabelle 9.2

Hieraus liest man ab, daß $\bar{x} \approx 0.586\ 701\ 02$ ist. Über die Genauigkeit dieses Wertes ließe sich nur auf Grund einer Fehleranalyse etwas aussagen. Hierauf gehen wir nicht ein. Man beachte, daß mit den exakten Werten a_n, b_n stets $a_n < \bar{x} < b_n$ gilt. Die numerische Rechnung liefert jedoch nur gerundete Werte, für die diese Einschließung nicht zu gelten braucht.

10 Einführung in die Differentialrechnung

10.1 Der Begriff der Ableitung

Wir stellen uns die Aufgabe, den Anstieg einer ebenen Kurve C, die der Graph einer Funktion f ist, zu definieren. Ist C eine nichtvertikale Gerade g, so definiert man mit den Bezeichnungen von Bild 10.1:

$$\text{Anstieg von } g := \frac{b}{a}. \tag{10.1}$$

Dieser Wert ist von der "Meßstrecke" a unabhängig, d. h., es gilt (wiederum mit den Bezeichnungen von Bild 10.1)

$$\frac{b^*}{a^*} = \frac{b}{a}.$$

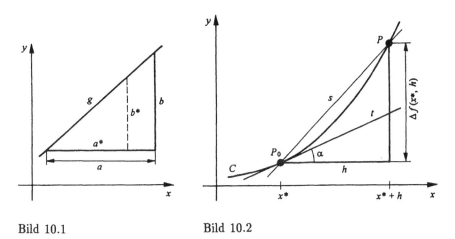

Bild 10.1   Bild 10.2

Nun sei C der Graph einer beliebigen, auf einer ε-Umgebung von x^* definierten Funktion f. Für jedes h mit $0 < |h| < \varepsilon$ können wir dann aus Funktionswertdifferenz

$$\Delta f(x^*, h) := f(x^* + h) - f(x^*)$$

und zugehöriger Argumentdifferenz $h = (x^* + h) - x^*$ den **Differenzenquotienten**

$$\frac{\Delta f(x^*, h)}{h} = \frac{f(x^* + h) - f(x^*)}{h}$$

bilden. Nach (10.1) ist dies der Anstieg der Geraden durch $P_0(x^*, f(x^*))$ und $P(x^* + h, f(x^* + h))$, die man auch als **Sekante** s an C bezeichnet (Bild 10.2). Es ist naheliegend, $\Delta f(x^*, h)/h$ als **mittleren Anstieg** von C über dem Intervall $x^* \ldots x^* + h$ zu interpretieren. (In diesem Sinne sind z. B. Steigungsangaben auf Straßenverkehrsschildern zu verstehen.) Der Differenzenquotient ist von der „Meßstrecke" h abhängig: Je kleiner h ist, desto genauer wird $\triangle f(x^*, h)/h$ den zu definierenden Anstieg von C an der Stelle x^* beschreiben. Also wird man den Grenzwert

$$\lim_{h \to 0} \frac{\triangle f(x^*, h)}{h} \tag{10.2}$$

betrachten. Grenzwerte dieser Art haben eine weitreichende Bedeutung. Sie erhalten daher eine besondere Bezeichnung.

Definition 10.1 *Die (auf einer ε-Umgebung von x^* definierte) Funktion f heißt* a n   d e r   S t e l l e x^* d i f f e r e n z i e r b a r, *wenn der Grenzwert (10.2) existiert. Dieser Grenzwert heißt* A b l e i t u n g *der Funktion f an der Stelle x^* und wird mit $f'(x^*)$ bezeichnet; es gilt also*

$$f'(x^*) := \lim_{h \to 0} \frac{\triangle f(x^*, h)}{h} = \lim_{h \to 0} \frac{f(x^* + h) - f(x^*)}{h}.$$

Ist die Funktion f an der Stelle x^* differenzierbar, so setzt man

Anstieg von C an der Stelle x^* (oder im Punkt P_0) $:= f'(x^*)$.

Die Gerade t durch P_0 mit diesem Anstieg heißt **Tangente** an C im Punkt P_0; sie hat die Gleichung

$$y = f(x^*) + f'(x^*) \cdot (x - x^*). \tag{10.3}$$

Anschaulich formuliert, geht die Tangente aus der Sekante hervor, indem der Punkt P auf der Kurve C gegen P_0 „strebt". Der Anstiegswinkel α der Tangente t ergibt sich aus der Gleichung

$$\tan \alpha = f'(x^*).$$

Anstelle von $f'(x^*)$ verwendet man für die Ableitung auch die Symbole

$$\frac{\mathrm{d}f(x)}{\mathrm{d}x}\Big|_{x=x^*} \quad \text{oder} \quad \frac{\mathrm{d}y}{\mathrm{d}x}\Big|_{x=x^*} \quad \text{oder} \quad y'(x^*);$$

letztere, falls y die abhängige Variable der Funktion f bezeichnet, also $y = f(x)$ gilt. Man liest $\frac{\mathrm{d}y}{\mathrm{d}x}\big|_{x=x^*}$ als „$\mathrm{d}y$ nach $\mathrm{d}x$ an der Stelle x^*" und nennt dies auch **Differentialquotient**. Man beachte, daß es sich hierbei nur um eine andere Bezeichnung für die Ableitung $f'(x^*)$ und nicht um einen „richtigen Quotienten" handelt.

Beispiel 10.1   Wir wollen die Funktion $f(x) = x^2$ auf Differenzierbarkeit an einer beliebigen Stelle $x \in \mathbb{R}$ untersuchen und ggf. die Ableitung ermitteln. Für den Differenzenquotienten erhält man mit der binomischen Formel

$$\frac{\Delta f(x,h)}{h} = \frac{(x+h)^2 - x^2}{h} = \frac{x^2 + 2xh + h^2 - x^2}{h} = 2x + h$$

und daraus

$$\lim_{h \to 0} \frac{\Delta f(x,h)}{h} = \lim_{h \to 0}(2x + h) = 2x.$$

Somit ist die Funktion f an jeder Stelle x differenzierbar und hat die Ableitung $f'(x) = 2x$, d. h., es gilt

$$f(x) = x^2, \; x \in \mathbb{R} \Longrightarrow f'(x) = 2x, \quad x \in \mathbb{R}.$$

Dafür schreibt man auch kürzer

$$(x^2)' = 2x, \quad x \in \mathbb{R}. \tag{10.4}$$

Speziell ist $f'(\frac{1}{2}) = 1$. Die quadratische Parabel $y = x^2$ hat also an der Stelle $x^* = \frac{1}{2}$ den Anstieg $f'(x^*) = 1$ und somit wegen $\tan \alpha = 1$ den Anstiegswinkel $\alpha = \frac{\pi}{4}$ (Bild 10.3). Die zugehörige Tangente t ist gemäß (10.3) gegeben durch

$$y = \frac{1}{4} + 1 \cdot (x - \frac{1}{2}), \quad \text{also} \quad y = x - \frac{1}{4}.$$

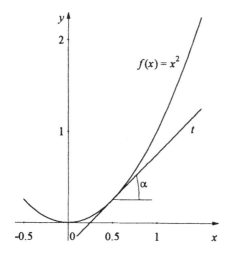

Bild 10.3

Wie oben kann man die geringfügig allgemeinere Ableitungsregel

$$(ax^2)' = 2ax, \; x \in \mathbb{R}, \; a \in \mathbb{R} \text{ fest}, \tag{10.4a}$$

herleiten. Dabei bezieht sich der Ableitungsstrich - wie bisher - auf die Variable x, und a ist ein konstanter Faktor.

Beispiel 10.2   Gesucht ist die Ableitung der Funktion $f(x) = \sin x$ an einer beliebigen Stelle $x \in \mathbb{R}$. Wir formen den Differenzenquotienten nach einem Additionstheorem um:

$$\frac{\triangle f(x, h)}{h} = \frac{\sin(x + h) - \sin x}{h}$$

$$= \frac{2}{h} \cdot \sin \frac{x + h - x}{2} \cdot \cos \frac{x + h + x}{2} = \frac{\sin \frac{h}{2}}{\frac{h}{2}} \cdot \cos \left(x + \frac{h}{2} \right).$$

Wir setzen $u := \frac{h}{2}$. Für $h \to 0$ gilt dann $u \to 0$, und wegen der Stetigkeit der Kosinus-Funktion folgt $\lim_{u \to 0} \cos(x + u) = \cos x$. Hiermit und mit dem Grenzwert (9.8) ergibt sich

$$\frac{\mathrm{d} \sin x}{\mathrm{d} x} = \lim_{u \to 0} \left[\frac{\sin u}{u} \cdot \cos(x + u) \right] = \cos x.$$

In Kurzform ist also

$$(\sin x)' = \cos x, \quad x \in \mathbb{R}.$$

Neben der Deutung als Anstieg einer Kurve gibt es eine Vielzahl weiterer Interpretationen der Ableitung. Wir betrachten hier nur die geradlinige Bewegung einer Punktmasse. Legt die Punktmasse in gleichen Zeiten stets gleiche Wege zurück - die Bewegung heißt dann *gleichförmig* -, so gilt

$$s = v \cdot t \quad \text{oder} \quad v = \frac{s}{t}. \tag{10.5}$$

Hierbei ist s der während der Zeit t zurückgelegte Weg, und der konstante Proportionalitätsfaktor v heißt *Geschwindigkeit* der Bewegung.

Nun betrachten wir eine beliebige, durch die Weg-Zeit-Funktion $s = s(t)$ beschriebene geradlinige Bewegung. Zur Zeit t befindet sich die Punktmasse also am Ort $s(t)$. In einem Zeitintervall von t bis $t + \triangle t$ legt sie den Weg $s(t + \triangle t) - s(t)$ zurück. Gemäß (10.5) bezeichnet man daher den Quotienten

$$\frac{s(t + \triangle t) - s(t)}{\triangle t}$$

als *mittlere Geschwindigkeit* oder *Durchschnittsgeschwindigkeit* der Bewegung in diesem Zeitintervall. Somit ist es sinnvoll, den Grenzwert

$$v(t) := \lim_{\triangle t \to 0} \frac{s(t + \triangle t) - s(t)}{\triangle t}$$

als *Geschwindigkeit der Bewegung zum Zeitpunkt t* zu bezeichnen. Nach Definition 10.1 ist die Geschwindigkeit also die Ableitung der Weg-Zeit-Funktion nach der Zeit: $v(t) = s'(t)$ oder mit einer besonders in der Physik üblichen Schreibweise für die Ableitung nach t:

$$v(t) = \dot{s}(t). \tag{10.6}$$

Beispiel 10.3   Der freie Fall eines Körpers wird durch $s = \frac{g}{2}t^2$ (g: Erdbeschleunigung) beschrieben. Daraus ergibt sich die Fallgeschwindigkeit gemäß (10.6) und (10.4 a) zu $v(t) = \dot{s}(t) = \frac{g}{2} \cdot 2t = g \cdot t$.

Faßt man "Bewegung" ganz allgemein als zeitliche Veränderung auf, so beschreibt die Ableitung die *Änderungsgeschwindigkeit*. Bezeichnet z. B. $m(t)$ die zur Zeit t vorhandene Masse einer radioaktiven Substanz, so ist also $\dot{m}(t)$ die Zerfallsgeschwindigkeit. In Abschnitt 10.4 kommen wir hierauf zurück.

10.2   Ableitungsregeln

Wir geben - ohne Beweis - Regeln an, nach denen man die Ableitung von Funktionen aus den Ableitungen ihrer einzelnen "Bestandteile" berechnen kann.

Satz 10.1   *Die Funktionen f und g seien an der Stelle x^* differenzierbar. Dann sind die Funktionen*

$$f \pm g, \quad c \cdot f \quad (c: \text{ eine Konstante}), \quad f \cdot g \text{ und}$$

$$\frac{f}{g} \quad (\text{falls} \quad g(x^*) \neq 0)$$

an der Stelle x^* differenzierbar, und es gilt dort[10])

$$
\begin{aligned}
(f \pm g)' &= f' \pm g', \\
(c \cdot f)' &= c \cdot f', \\
(f \cdot g)' &= f' \cdot g + f \cdot g' \quad \text{(Produktregel)}, \\
\left(\frac{f}{g}\right)' &= \frac{f' \cdot g - f \cdot g'}{g^2} \quad \text{(Quotientenregel)}.
\end{aligned}
$$

Beispiel 10.4   Die Ableitung der Funktion $F(x) = 3x^2 - 8\sin x$, $x \in \mathbb{R}$, ergibt sich mit den ersten beiden Regeln zu

$$F'(x) = 3 \cdot (x^2)' + (-8) \cdot (\sin x)',$$

also nach den Beispielen 10.1 und 10.2 zu

$$F'(x) = 3 \cdot 2x + (-8) \cdot \cos x = 6x - 8\cos x, \quad x \in \mathbb{R}.$$

Beispiel 10.5   Als Ableitung der Funktion $F(x) = x^2 \cdot \sin x$, $x \in \mathbb{R}$, erhält man mit der Produktregel

$$F'(x) = (x^2)' \cdot \sin x + x^2 \cdot (\sin x)',$$

---

[10]) Aus Gründen der Übersichtlichkeit lassen wir in den folgenden Formeln das Argument x^* weg.

also wiederum nach den Beispielen 10.1 und 10.2

$$F'(x) = 2x \cdot \sin x + x^2 \cdot \cos x, \quad x \in \mathbb{R}.$$

Beispiel 10.6 Für die Funktion $F(x) = \dfrac{x^2}{\sin x}$, $\quad x \neq k\pi$ $(k = 0, \pm 1, \pm 2, \ldots)$, ergibt analog die Quotientenregel

$$F'(x) = \frac{2x \cdot \sin x - x^2 \cdot \cos x}{\sin^2 x}, \quad x \neq k\pi \ (k = 0, \pm 1, \pm 2, \ldots).$$

Man beachte, daß hier die Nullstellen der Nennerfunktion $g(x) = \sin x$ auszuschließen sind.

Wir kommen zur Ableitung der Komposition von Funktionen. Wir betrachten also eine Funktion der Form

$$F(x) := f(g(x))$$

mit der "äußeren" Funktion f und der "inneren" Funktion g.

Satz 10.2   *Ist die Funktion g an der Stelle x^* und die Funktion f an der Stelle $z^* := g(x^*)$ differenzierbar, so ist die Funktion $F(x) := f(g(x))$ an der Stelle x^* differenzierbar, und es gilt*

$$F'(x^*) = f'(z^*) \cdot g'(x^*) \quad \text{(Kettenregel)}.$$

In Worten kann man die Kettenregel so formulieren:
"Ableitung der Komposition = (Ableitung der äußeren Funktion) · (Ableitung der inneren Funktion)".

Zu beachten ist dabei, daß die Ableitungen an den "richtigen" Stellen gebildet werden. Wir erläutern das an Beispielen.

Beispiel 10.7 Die Funktion $f(x) = \sin(x^2)$, $x \in \mathbb{R}$, ist die Komposition aus der äußeren Funktion $f(z) = \sin z$ und der inneren Funktion $(z =) g(x) = x^2$. Mit der Kettenregel erhält man (wobei der Ableitungsstrich sich auf die jeweilige Variable bezieht)

$$\begin{aligned}
F'(x) &= (\sin z)' \cdot (x^2)' = \cos z \cdot 2x \quad \text{mit } z = x^2, \text{ also} \\
F'(x) &= 2x \cos(x^2), \quad x \in \mathbb{R}.
\end{aligned}$$

Beispiel 10.8 Für die Funktion $F(x) = \sin^2 x = (\sin x)^2$, $x \in \mathbb{R}$, ist die äußere Funktion $f(z) = z^2$ und die innere Funktion $(z =) g(x) = \sin x$. Somit ergibt die Kettenregel nun

$$\begin{aligned}
F'(x) &= (z^2)' \cdot (\sin x)' = 2z \cdot \cos x \quad \text{mit } z = \sin x, \text{ also} \\
F'(x) &= 2 \sin x \cos x = \sin 2x, \quad x \in \mathbb{R}.
\end{aligned}$$

Schreibt man die Ableitung als Differentialquotient, so läßt sich die Kettenregel in einprägsamer Weise darstellen.

Gesucht ist die Ableitung nach x von $y = F(x) = f(g(x))$. Mit $y = f(z)$, $\quad z = g(x)$ ist $\frac{dy}{dz} = f'(z)$, $\quad \frac{dz}{dx} = g'(x)$, und daher erhält die Kettenregel die Form

$$\frac{dy}{dx} = \frac{dy}{dz} \cdot \frac{dz}{dx}.$$

Schließlich geben wir eine Formel für die Ableitung einer Umkehrfunktion an.

Satz 10.3 *Ist die Funktion f streng monoton und in x^* differenzierbar mit $f'(x^*) \neq 0$, so ist die Umkehrfunktion f^{-1} in $y^* := f(x^*)$ differenzierbar, und es gilt*

$$\left(f^{-1}\right)'(y^*) = \frac{1}{f'(x^*)}. \tag{10.7}$$

Auch diese Formel kann man in Differentialschreibweise einprägsam darstellen. Wegen

$$x = f^{-1}(y) \iff y = f(x) \quad \text{und} \quad \frac{dx}{dy} = (f^{-1})'(y), \quad \frac{dy}{dx} = f'(x)$$

kann man statt (10.7) schreiben

$$\frac{dx}{dy} = \frac{1}{\frac{dy}{dx}}.$$

Beispiel 10.9 Die Funktion $f(x) = x^2, x \geq 0$, ist streng monoton wachsend, und es gilt $f'(x) = 2x$. Um die Bedingung $f'(x) \neq 0$ zu gewährleisten, müssen wir also $x > 0$ voraussetzen. Die Umkehrfunktion von $f : y = x^2$, $\quad x > 0$, ist $f^{-1} : x = \sqrt{y}$, $\quad y > 0$. Nach Satz 10.3 gilt daher

$$(f^{-1})'(y) = \frac{1}{2x} = \frac{1}{2\sqrt{y}}, \quad y > 0.$$

Bezeichnet man die unabhängige Variable von f^{-1} mit x statt y, so ist

$$(\sqrt{x})' = \frac{1}{2\sqrt{x}}, \quad x > 0 \quad \text{oder} \quad \left(x^{\frac{1}{2}}\right)' = \frac{1}{2}x^{-\frac{1}{2}}, \quad x > 0.$$

10.3 Ableitung der Grundfunktionen

Durch geeignete Umformung des Differenzenquotienten (wie in den Beispielen 10.1 und 10.2) sowie Anwendung der Sätze 10.1 bis 10.3 kann man die Ableitung aller Grundfunktionen gewinnen. Wir verzichten auf die Durchführung, fassen aber die Ergebnisse in der folgenden Tabelle zusammen.

$$
\begin{array}{llll}
(c)' &=& 0 & (c \text{ eine Konstante}) & (10.8) \\[4pt]
(x^a)' &=& \alpha x^{a-1} & (\text{s. Bemerkung 10.1}) & (10.9) \\[4pt]
(e^x)' &=& e^x & (x \in \mathbb{R}) & (10.10) \\[4pt]
(a^x)' &=& a^x \ln a & (a > 0, x \in \mathbb{R}) & (10.11) \\[4pt]
(\ln |x|)' &=& \dfrac{1}{x} & (x \neq 0) & (10.12) \\[4pt]
(\sin x)' &=& \cos x & (x \in \mathbb{R}) & (10.13) \\[4pt]
(\cos x)' &=& -\sin x & (x \in \mathbb{R}) & (10.14) \\[4pt]
(\tan x)' &=& \dfrac{1}{\cos^2 x} = 1 + \tan^2 x & \left(x \neq \dfrac{\pi}{2} + k\pi, k \text{ ganz}\right) & (10.15) \\[6pt]
(\cot x)' &=& -\dfrac{1}{\sin^2 x} = -(1 + \cot^2 x) & (x \neq k\pi, k \text{ ganz}) & (10.16) \\[6pt]
(\arcsin x)' &=& \dfrac{1}{\sqrt{1 - x^2}} & (|x| < 1) & (10.17) \\[6pt]
(\arctan x)' &=& \dfrac{1}{1 + x^2} & (x \in \mathbb{R}) & (10.18)
\end{array}
$$

Bemerkung 10.1 Formel (10.9) gilt

für alle $x \in \mathbb{R}$, falls $\alpha \in \mathbb{N}$ und $\alpha \geq 1$ ist,
für alle $x \neq 0$, falls α eine negative ganze Zahl ist,
für alle $x > 0$, falls α eine beliebige reelle Zahl ist.

Zwei Spezialfälle von (10.9) hatten wir oben hergeleitet: $(x^2)' = 2x, x \in \mathbb{R}$ ($\alpha = 2$, s. Beispiel 10.1) und $(x^{\frac{1}{2}})' = \frac{1}{2}x^{-\frac{1}{2}}, x > 0$ ($\alpha = \frac{1}{2}$, s. Beispiel 10.9). Als weiteren Spezialfall erwähnen wir

$$
\left(\frac{1}{x}\right)' = (x^{-1})' = -x^{-2} = -\frac{1}{x^2}, \quad x \neq 0.
$$

Formel (10.11) geht für $a =$e in (10.10) über. Weiter folgt aus (10.12) speziell

$$
(\ln x)' = \frac{1}{x}, \quad x > 0.
$$

10.4   Weitere Beispiele

Mit den allgemeinen Ableitungsregeln in 10.2 und der Tabelle in 10.3 können wir die Ableitung einer beliebigen elementaren Funktion berechnen.

Beispiel 10.10   Als Ableitung der Funktion

$$
f(x) = \frac{\arctan x}{1 + x^2}, \quad x \in \mathbb{R},
$$

erhält man nach der Quotientenregel sowie (10.18) und (10.9)

$$f'(x) = \frac{\frac{1}{1+x^2} \cdot (1+x^2) - \arctan x \cdot 2x}{(1+x^2)^2} = \frac{1 - 2x \arctan x}{(1+x^2)^2}, \quad x \in \mathbb{R}.$$

Beispiel 10.11   Die Funktion $f(x) = \ln(3x^4 + \cos x)$, $x \in \mathbb{R}$, ist eine Komposition aus der äußeren Funktion $\varphi(z) = \ln z$ und der inneren Funktion $(z =) \psi(x) = 3x^4 + \cos x$: Es gilt $f(x) = \varphi(\psi(x))$. Man beachte, daß $z = 3x^4 + \cos x > 0$ für jedes $x \in \mathbb{R}$ gilt und somit $\ln z$ definiert ist. Also ist $\mathbb{R}$ tatsächlich der natürliche Definitionsbereich der Funktion f. Dort ist f auch differenzierbar, und die Kettenregel zusammen mit (10.12), (10.9) und (10.14) ergibt

$$f'(x) = (\ln z)' \cdot (3x^4 + \cos x)' = \frac{1}{z} \cdot (12x^3 - \sin x) \text{ mit } z = 3x^4 + \cos x,$$

$$\text{also } f'(x) = \frac{12x^3 - \sin x}{3x^4 + \cos x}, \quad x \in \mathbb{R}.$$

Die Kettenregel gilt analog, wenn mehr als zwei Funktionen "ineinandergeschachtelt" sind. Bei einiger Übung kann man nach der Kettenregel ohne die Einführung von Hilfsvariablen (wie z in Beispiel 10.11) differenzieren.

Beispiel 10.12   Als Ableitung der Funktion

$$f(x) = \mathrm{e}^{\cos^2 x}, \quad x \in \mathbb{R},$$

erhält man nach der Kettenregel unmittelbar

$$f'(x) = \mathrm{e}^{\cos^2 x} \cdot 2 \cos x \cdot (-\sin x) = -\mathrm{e}^{\cos^2 x} \sin 2x, \quad x \in \mathbb{R}.$$

Wegen

$$f'(x) = 0 \iff \sin 2x = 0 \iff x = k\frac{\pi}{2}, \quad k \text{ ganz},$$

hat der Graph von f genau an den Stellen $x = 0, \pm\frac{\pi}{2}, \pm\pi, \pm\frac{3}{2}\pi, \ldots$ den Anstieg 0, also eine zur x-Achse parallele Tangente.

Wir knüpfen an die Bemerkungen am Ende von Abschnitt 10.1 an und betrachten den Zerfall einer radioaktiven Substanz. Es sei $m(t)$ die zur Zeit t vorhandene Masse der Substanz. Experimente zeigen, daß die Zerfallsgeschwindigkeit $\dot{m}(t)$ - wenigstens näherungsweise - der jeweils vorhandenen Masse $m(t)$ proportional ist. Mit einem substanzspezifischen Proportionalitätsfaktor $\lambda > 0$ gilt also

$$\dot{m}(t) = -\lambda \cdot m(t), \quad t \geq 0. \tag{10.19}$$

Das Minuszeichen bedeutet, daß mit zunehmender Zeit die Masse abnimmt. Die Funktion

$$m(t) = a\mathrm{e}^{-\lambda t}, \quad t \geq 0, \quad a > 0 \text{ konstant}, \tag{10.20}$$

beschreibt den Zerfallsprozeß, denn nach der Kettenregel ist

$$\dot{m}(t) = a\mathrm{e}^{-\lambda t} \cdot (-\lambda) = -\lambda \cdot m(t),$$

d. h., die Funktion (10.20) genügt der Gleichung (10.19). Umgekehrt kann man zeigen, daß jede die Gleichung (10.19) erfüllende Funktion $m(t)$ mit einer geeigneten Konstanten a in der Form (10.20) darstellbar ist. Wegen $m(0) = ae^0 = a$ ist a übrigens die zu Beginn des Prozesses (oder der Messung) vorhandene Masse (Bild 10.4).

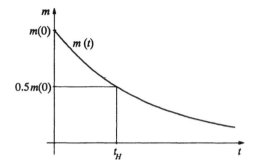

Bild 10.4

Eine charakteristische Größe ist die Halbwertszeit t_H. Das ist diejenige Zeit, zu der nur noch die Hälfte der Anfangsmasse $m(0)$ vorhanden ist. Aus der Gleichung

$$m(t_H) = \frac{1}{2}m(0), \quad \text{also} \quad m(0)e^{-\lambda t_H} = \frac{1}{2}m(0)$$

ergibt sich $-\lambda t_H = \ln\frac{1}{2}$ und somit $t_H = \dfrac{\ln 2}{\lambda}$. (Für Plutonium 239 gilt z. B. $t_H = 24\,321$ Jahre.)

Wachstumsprozesse werden in vielen Fällen - wenigstens näherungsweise - durch die zu (10.19) analoge Gleichung

$$\dot{y}(t) = \lambda \cdot y(t), \quad t \geq 0,$$

charakterisiert (z. B. bakterielles Wachstum). Deren Lösungen sind Funktionen der Form

$$y(t) = ae^{\lambda t}, \qquad t \geq 0,$$

wobei für a wiederum $a = y(0)$ gilt und λ die Wachstumsrate ist.
Die Beschreibung von Zerfalls- und Wachstumsprozessen ist ein besonderes wichtiges Anwendungsgebiet der Exponentialfunktionen.

10.5   Höhere Ableitungen

Besitzt die Funktion f auf dem Intervall I eine Ableitung f' und ist diese ihrerseits an der Stelle $x^* \in I$ differenzierbar, so nennt man deren Ableitung $(f')'(x^*)$ **zweite Ableitung** (oder **Ableitung zweiter Ordnung**) der Funktion f an der Stelle x^* und schreibt dafür $f''(x^*)$, man setzt also

$$f''(x^*) := (f')'(x^*).$$

Setzt man dies fort, so erhält man die dritte Ableitung $f'''(x^*)$ usw. Ab der vierten Ableitung schreibt man allerdings $f^{(4)}(x^*)$, $f^{(5)}(x^*)$ usw.

Beispiel 10.13 Für die Funktion $f(x) = \cos x$, $x \in \mathbb{R}$, ergibt sich nacheinander für jedes $x \in \mathbb{R}$:

$$f'(x) = -\sin x, \qquad f''(x) = -\cos x,$$
$$f'''(x) = \sin x, \qquad f^{(4)}(x) = \cos x = f(x),$$
$$f^{(5)}(x) = -\sin x = f'(x) \text{ usw.}$$

Ist $s = s(t)$ die Weg-Zeit-Funktion einer geradlinigen Bewegung, also $v(t) = \dot{s}(t)$ die Geschwindigkeit (s. 10.1), so heißt

$$b(t) := \dot{v}(t) = \ddot{s}(t)$$

Beschleunigung dieser Bewegung. Die Beschleunigung ist somit die zweite Ableitung der Weg-Zeit-Funktion nach der Zeit.

10.6 Monotonie

Mit Hilfe der Ableitungen kann man den Verlauf von Funktionen, also auch ihrer Graphen, untersuchen. In diesem Abschnitt geben wir Bedingungen für Monotonie an.

Für ein Intervall I bezeichnen wir mit $\overset{\circ}{I}$ das Innere von I, das ist I ohne Randpunkte. Ist z. B. $I = [a, b]$, dann ist $\overset{\circ}{I} = (a, b)$, im Falle $I = [a, +\infty)$ ist $\overset{\circ}{I} = (a, +\infty)$ usw.

Satz 10.4 *Ist die Funktion f auf dem Intervall I stetig und auf $\overset{\circ}{I}$ differenzierbar, dann gilt:*

(i) $\begin{cases} f'(x) \geq 0 \\ f'(x) \leq 0 \end{cases}$ *für jedes $x \in \overset{\circ}{I} \iff f$ ist auf I monoton* $\begin{cases} \text{wachsend} \\ \text{fallend} \end{cases}$.

(ii) $\begin{cases} f'(x) > 0 \\ f'(x) < 0 \end{cases}$ *für jedes $x \in \overset{\circ}{I} \implies f$ ist auf I streng mon.* $\begin{cases} \text{wachsend} \\ \text{fallend} \end{cases}$.

Man beachte, daß in (ii) die Implikation $\Longleftarrow$ *nicht* gilt. So ist z. B. $f(x) = x^3$ auf $I = \mathbb{R}$ streng monoton wachsend, aber es ist $f'(0) = 0$.

Beispiel 10.14 Die Funktion

$$f(x) = \frac{1}{8}x^3 - \frac{3}{4}x^2 + \frac{9}{8}x + 1, \quad x \in \mathbb{R},$$

ist auf Monotonie zu untersuchen. Für die Ableitung ergibt sich

$$f'(x) = \frac{3}{8}x^2 - \frac{3}{2}x + \frac{9}{8} = \frac{3}{8}(x^2 - 4x + 3).$$

Um das Vorzeichen von f' bestimmen zu können, ermitteln wir die Nullstellen. Mit der Lösungsformel für quadratische Gleichungen folgt

$$f'(x) = 0 \Longleftrightarrow x = 2 \mp \sqrt{4-3} \Longleftrightarrow x = 1 \text{ oder } x = 3.$$

Somit ist (vgl. (4.26))

$$f'(x) = \frac{3}{8}(x-1)(x-3) \begin{cases} > 0 & \text{für} \quad x < 1 \text{ und für } x > 3, \\ < 0 & \text{für} \quad 1 < x < 3. \end{cases}$$

Nach Satz 10.4 (ii) ist die Funktion f

- auf $(-\infty, 1]$ und $[3, +\infty)$ streng monoton wachsend,
- auf $[1, 3]$ streng monoton fallend.

An Bild 10.5 kann man das Monotonieverhalten von f mit dem Vorzeichen von f' gut vergleichen. (Die Punkte H, W, T lassen wir zunächst außer acht.)

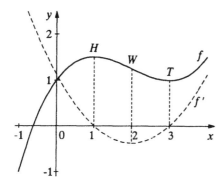

Bild 10.5

10.7   Extremstellen

Die in Bild 10.6 dargestellte Funktion f mit dem Definitionsbereich $D = [a, b]$ nimmt ihren größten Wert an der Stelle $\bar{x} = b$ an: Der Funktionswert $f(\bar{x})$ ist das globale Maximum von f auf $[a, b]$. Doch auch $f(x^*)$ ist "ein größter Wert" von f, wenn man $f(x^*)$ nur mit den Werten $f(x)$ vergleicht, die die Funktion f *in einer gewissen Umgebung* U von x^* annimmt. (Jeder Wanderer wird das bestätigen: Auch ein Nebengipfel ist ein Gipfel.) Wir präzisieren dies mit den folgenden Begriffen.

Definition 10.2   *Es sei f eine Funktion mit dem Definitionsbereich $D \subset \mathbb{R}$.*

(i) *Eine Stelle $\bar{x} \in D$ heißt* g l o b a l e   M a x i m u m s t e l l e *von f auf D, wenn gilt*

$$f(\bar{x}) \geq f(x) \quad \text{für jedes} \quad x \in D. \tag{10.21}$$

Der Funktionswert $f(\bar{x})$ heißt dann g l o b a l e s   M a x i m u m *von f auf D.*

(ii) *Eine Stelle $x^* \in D$ heißt* l o k a l e   M a x i m u m s t e l l e *von f, wenn es eine Umgebung U von x^* gibt, so daß gilt*

$$f(x^*) \geq f(x) \quad \text{für jedes} \quad x \in D \cap U. \tag{10.22}$$

Der Funktionswert $f(x^*)$ heißt dann l o k a l e s   M a x i m u m *von f.*

Analog ist mit $\leq$ statt $\geq$ in (10.21) bzw. (10.22) eine **globale** bzw. **lokale Minimumstelle** von f definiert. Statt "global" sagt man auch "absolut" und statt "lokal" auch "relativ". Maximum- und Minimumstellen gemeinsam bezeichnet man als **Extremstellen**. Ist x^* lokale Maximumstelle bzw. Minimumstelle von f, so nennt man den Punkt $(x^*, f(x^*))$ auf dem Graphen von f gelegentlich auch *Hochpunkt* bzw. *Tiefpunkt*.

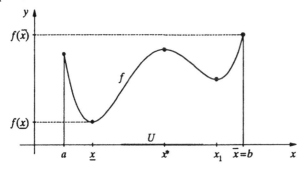

Bild 10.6

Für die in Bild 10.6 dargestellte Funktion f auf $[a, b]$ ist

a: lokale Maximumstelle,
$\underline{x}$:   globale (also auch lokale) Minimumstelle,
x^*:   lokale Maximumstelle,
x_1:   lokale Minimumstelle,
$\bar{x} = b$:   globale (also auch lokale) Maximumstelle.

Wir behandeln nun ein Verfahren zur Ermittlung lokaler Extremstellen einer Funktion f. Dabei beschränken wir uns einfachheitshalber auf den Fall, daß der Definitionsbereich von f ein Intervall I und f auf dem Inneren $\overset{\circ}{I}$ von I (mindestens einmal) differenzierbar ist.

Satz 10.5   *Gegeben seien eine Funktion f auf einem Intervall I und eine Stelle $x^* \in \overset{\circ}{I}$.*

(i) (Notwendige Bedingung) *Existiert $f'(x^*)$, so gilt:*
   x^* ist lokale Extremstelle von $f \Longrightarrow f'(x^*) = 0$.

(ii) (Hinreichende Bedingung) *Besitzt f in x^* eine stetige zweite Ableitung, so gilt:*

$$f'(x^*) = 0 \text{ und } \left\{ \begin{array}{l} f''(x^*) < 0 \\ f''(x^*) > 0 \end{array} \right. \Longrightarrow x^* \text{ ist lokale } \left\{ \begin{array}{l} Maximumstelle \\ Minimumstelle \end{array} \right. \text{von } f.$$

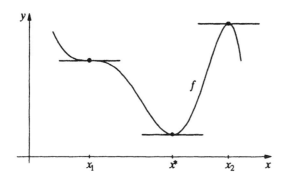

Bild 10.7

Bemerkungen. 1. Aussage (i) bedeutet geometrisch, daß an jeder lokalen Extremstelle im Inneren von I die Tangente an den Graph von f parallel zur x-Achse verläuft (siehe x^* und x_2 in Bild 10.7). Umgekehrt ist jedoch nicht jede Stelle mit zur x-Achse paralleler Tangente auch lokale Extremstelle (siehe x_1 in Bild 10.7). Die Lösungen der Gleichung $f'(x) = 0$ sind also lediglich die "extremwertverdächtigen" Stellen. Aus ihnen kann man (unter Umständen) mit der Bedingung (ii) die lokalen Extremstellen herausfinden.
2. Satz 10.5 bezieht sich nur auf Stellen im Inneren $\overset{\circ}{I}$ von I. Randpunkte von I sind, sofern sie zu I gehören, gesondert zu untersuchen (siehe a und b in Bild 10.6).

Somit ergibt sich folgendes **Verfahren zur Ermittlung der lokalen Extrem-stellen** einer Funktion $f : I \to \mathbb{R}$:

(α) Alle Lösungen $x \in \overset{\circ}{I}$ der Gleichung $f'(x) = 0$ berechnen.

(β) Für jede Lösung $x = x^*$ von (α) die Bedingung (ii) von Satz 10.5 untersuchen. (Zum Fall $f''(x^*) = 0$ siehe 10.8.)

(γ) Zu I gehörige Randpunkte von I mit Definition 10.2 untersuchen.

Falls die Funktion f auf I *globale* Extremstellen besitzt, sind diese unter den gemäß (α), (β), (γ) ermittelten Stellen zu finden (Größenvergleich der zugehörigen Funktionswerte).

Beispiel 10.15 a) Gesucht sind die lokalen Extremstellen der Funktion

$$f(x) = \frac{1}{8}x^3 - \frac{3}{4}x^2 + \frac{9}{8}x + 1, \quad x \in \mathbb{R}.$$

Hier ist $I = \mathbb{R}$, also auch $\overset{\circ}{I} = \mathbb{R}$ ($\mathbb{R}$ hat keine Randpunkte), so daß (γ) entfällt.

(α) Nach Beispiel 10.14 gilt

$$f'(x) = 0 \quad \Longleftrightarrow \quad x = 1 \ \vee \ x = 3.$$

(β) Mit $f''(x) = \frac{3}{4}(x - 2)$ ergibt sich $f''(1) = -\frac{3}{4} < 0$ und $f''(3) = \frac{3}{4} > 0$. Somit ist $x = 1$ lokale Maximumstelle und $x = 3$ lokale Minimumstelle von f (Bild 10.5). Die zugehörigen Funktionswerte sind $f(1) = \frac{3}{2}$ (lokales Maximum) und $f(3) = 1$ (lokales Minimum). Der Graph von f hat also den Hochpunkt $H = (1, \frac{3}{2})$ und den Tiefpunkt $T = (3, 1)$ (Bild 10.5). Wegen $\lim\limits_{x \to -\infty} f(x) = -\infty$ und $\lim\limits_{x \to +\infty} f(x) = +\infty$ hat f auf $\mathbb{R}$ weder ein globales Minimum noch ein globales Maximum.

b) Wir modifizieren das Beispiel, indem wir nun f auf dem Intervall $I = [-1, 2]$, also die Funktion

$$f(x) = \frac{1}{8}x^3 - \frac{3}{4}x^2 + \frac{9}{8}x + 1, \quad x \in [-1, 2],$$

betrachten. Hier ist $\overset{\circ}{I} = (-1, 2)$.

(α) In $\overset{\circ}{I}$ hat die Gleichung $f'(x) = 0$ nur die Lösung $x = 1$.

(β) Wie oben ergibt sich, daß $x = 1$ lokale Maximumstelle von f ist.

(γ) Jetzt sind zusätzlich die Randpunkte -1 und 2 von I zu untersuchen. Da f insbesondere auf $[-1, 1]$ monoton wächst (s. Beispiel 10.14 und Bild 10.5), ist $x = -1$ lokale Minimumstelle von f. Analog findet man, daß $x = 2$ lokale Minimumstelle von f ist. Wegen $f(-1) = -1 < \frac{5}{4} = f(2)$ ist $x = -1$ globale Minimumstelle von f auf $[-1, 2]$. Schließlich ist die einzige lokale Maximumstelle $x = 1$ auch globale Maximumstelle.

Viele praktische Probleme laufen letztlich auf die Ermittlung der globalen Extremstellen einer Funktion hinaus.

Beispiel 10.16 Gesucht sind Grundkreisradius r und Höhe h derjenigen zylindrischen Dose, die bei vorgeschriebenem Volumen V die kleinste Oberfläche hat (geringster Materialverbrauch).

Die Oberfläche einer (beliebigen) zylindrischen Dose besteht aus Grund-, Deck- und Mantelfläche, es gilt also für ihren Flächeninhalt

$$S = 2 \cdot \pi r^2 + 2\pi r h. \tag{10.23}$$

Das ist eine Funktion der zwei Variablen r und h, die unter der Nebenbedingung, daß

$$V = \pi r^2 h \tag{10.24}$$

konstant ist, minimiert werden soll. Löst man (10.24) nach h auf, $h = V/\pi r^2$, und setzt dies in (10.23) ein, so erhält man S als Funktion der Variablen r allein:

$$S = f(r) = 2\pi r^2 + 2\pi r \cdot \frac{V}{\pi r^2} = 2\pi r^2 + \frac{2V}{r}.$$

Gesucht ist die absolute Minimumstelle dieser Funktion auf dem r-Intervall $(0, +\infty)$ (für $r \leq 0$ entsteht keine Dose). Es gilt

$$f'(r) = 4\pi r - \frac{2V}{r^2}, \text{ also } f'(r) = 0 \iff r = \sqrt[3]{\frac{V}{2\pi}} =: r_0.$$

Weiter ist $f''(r) = 4\pi + \frac{4V}{r^3} > 0$ für jedes $r > 0$, also insbesondere $f''(r_0) > 0$. Somit ist r_0 einzige lokale und daher auch globale Minimumstelle von f auf $(0, +\infty)$. Der zugehörige Wert der Höhe h ergibt sich zu

$$h_0 = \frac{V}{\pi r_0^2} = \sqrt[3]{\frac{4V}{\pi}} = 2r_0. \tag{10.25}$$

Die gesuchte Dose ist also so zu gestalten, daß die Höhe gleich dem Durchmesser ist, wobei die konkreten Werte bei gegebenem Volumen V nach (10.25) zu berechnen sind. Der zugehörige minimale Oberflächeninhalt der Dose ist

$$S_0 = f(r_0) = 2\pi \left(\frac{V}{2\pi}\right)^{\frac{2}{3}} + \frac{2V}{\left(\frac{V}{2\pi}\right)^{\frac{1}{3}}} = 3\sqrt[3]{2\pi V^2}.$$

Ist z. B. das Volumen $V = 10^3$ cm^3 (= 1 Liter) vorgeschrieben, so ist $h_0 = 2r_0 = 10,84$ cm, also $r_0 = 5,42$ cm zu wählen, und dann ergibt sich $S_0 = 553,58$ cm^2. (Bei einer realistischen Materialplanung muß natürlich auch der "Verschnitt" berücksichtigt werden.)

10.8   Wendestellen

Wir betrachten nun den Verlauf der Ableitung f' einer differenzierbaren Funktion f.

Definition 10.3   *Die Funktion f sei auf dem Intervall I differenzierbar. Ist $x^* \in \overset{\circ}{I}$ lokale Extremstelle der Ableitung f', so heißt x^* W e n d e s t e l l e der Funktion f.*

Aussagen über Wendestellen erhält man, indem man die Ergebnisse des vorigen Abschnittes auf f' (statt f) anwendet.

Satz 10.6 *Gegeben seien eine differenzierbare Funktion f auf einem Intervall I und eine Stelle $x^* \in \overset{\circ}{I}$.*

(i) (Notwendige Bedingung) *Existiert $f''(x^*)$, so gilt:*
x^* *ist Wendestelle von f $\implies$ $f''(x^*) = 0$.*
(ii) (Hinreichende Bedingung) *Hat f in x^* eine stetige dritte Ableitung, so gilt:*
$f''(x^*) = 0$ *und* $f'''(x^*) \neq 0$ $\implies$ x^* *ist Wendestelle von f.*

Hieraus ergibt sich folgendes **Verfahren zur Ermittlung der Wendestellen** einer Funktion $f : I \to \mathbb{R}$:

(α) Alle Lösungen $x \in \overset{\circ}{I}$ der Gleichung $f''(x) = 0$ berechnen.
(β) Für jede Lösung von (α) die Bedingung (ii) von Satz 10.6 untersuchen.

Ist x^* Wendestelle der Funktion f, so heißt der Punkt $W = (x^*, f(x^*))$ **Wendepunkt** des Graphen von f. In einem Wendepunkt ändert sich die Krümmung des Graphen. Ist (vgl. (ii)) $f''(x^*) = 0$ und $f'''(x^*) < 0$, so geht der Graph von f im Punkt W bei wachsendem x aus einer Linkskrümmung in eine Rechtskrümmung über; man nennt W daher auch *Linksrechts-Wendepunkt*. Analog verwendet man *Rechtslinks-Wendepunkt*. Es gilt also:

$$f''(x^*) = 0 \text{ und } \begin{cases} f'''(x^*) < 0 \\ f'''(x^*) > 0 \end{cases}$$

$$\implies P = (x^*, f'(x^*)) \text{ ist ein } \begin{cases} \text{Hochpunkt} \\ \text{Tiefpunkt} \end{cases} \text{ von graph } (f')$$

$$\implies W = (x^*, f(x^*)) \text{ ist ein } \begin{cases} \text{Linksrechts} - \text{Wendepunkt} \\ \text{Rechtslinks} - \text{Wendepunkt} \end{cases} \text{ von graph } (f).$$

In den Bildern 10.8a und 10.8b sind diese Beziehungen schematisch dargestellt. Man beachte auch den Zusammenhang zwischen der Monotonie von f und dem Vorzeichen von f' (Satz 10.4).

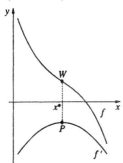

Bild 10.8a

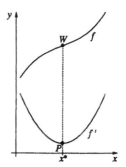

Bild 10.8b

Beispiel 10.17   Die Funktion

$$f(x) = \frac{1}{8}x^3 - \frac{3}{4}x^2 + \frac{9}{8}x + 1, \quad x \in \mathbb{R},$$

ist auf Wendestellen zu untersuchen (vgl. Beispiel 10.14 und 10.15).
(α) Es gilt

$$f''(x) = \frac{3}{4}x - \frac{3}{2}, \quad \text{also} \quad f''(x) = 0 \Longleftrightarrow x = 2.$$

Somit ist $x = 2$ die einzige Stelle, an der die Funktion f einen Wendepunkt haben kann.
(β). Es ist $f'''(x) = \frac{3}{4} > 0$ für jedes $x \in \mathbb{R}$, also auch für $x = 2$. Somit ist $x = 2$ Wendestelle von f, und $W = (2, f(2)) = (2, \frac{5}{4})$ ist Wendepunkt des Graphen von f, genauer Rechtslinks-Wendepunkt (Bild 10.5).

11 Einführung in die Integralrechnung

11.1 Der Begriff des bestimmten Integrals

Wir gehen aus von der Aufgabe, gewissen krummlinig berandeten ebenen Flächenstücken einen Flächeninhalt zuzuordnen.

Gegeben sei eine nichtnegative Funktion f auf einem Intervall $[a, b]$. Wir betrachten das Flächenstück F, das vom Graphen von f, der x-Achse sowie den Geraden $x = a$ und $x = b$ berandet wird (Bild 11.1).

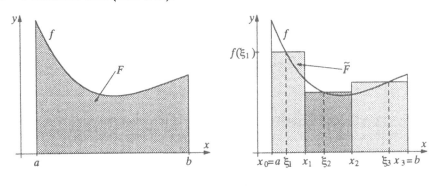

Bild 11.1   Bild 11.2

Am einfachsten zu berechnen ist der Flächeninhalt von Rechtecken, nämlich als Produkt der Seitenlängen ("Höhe mal Breite"). Daher ist es naheliegend, das Flächenstück F zu ersetzen durch ein Flächenstück $\tilde{F}$, welches aus aneinandergefügten Rechtecken besteht.

In Bild 11.2 wird $\tilde{F}$ von drei Rechtecken gebildet. Der Flächeninhalt $\tilde{A}$ von $\tilde{F}$ ergibt sich als Summe der Inhalte der Rechtecke zu

$$
\begin{aligned}
\tilde{A} &= f(\xi_1) \cdot (x_1 - x_0) + f(\xi_2) \cdot (x_2 - x_1) + f(\xi_3) \cdot (x_3 - x_2) \\
&= \sum_{i=1}^{3} f(\xi_i) \cdot (x_i - x_{i-1}).
\end{aligned}
$$

Hiermit hat man einen Näherungswert für den (erst zu definierenden) Flächeninhalt A von F.

Nach diesen Überlegungen erweist es sich als sinnvoll, A zu definieren als *Grenzwert einer Folge von Näherungswerten* der Form

$$
\sum_{i=1}^{m} f(\xi_i) \cdot (x_i - x_{i-1}), \tag{11.1}
$$

wobei die Rechtecke immer schmaler werden, ihre Anzahl m also wächst, und sie somit das Flächenstück F immer besser annähern.

Es zeigt sich, daß Grenzwerte dieser Art über das Flächeninhaltsproblem hinaus von weitreichender Bedeutung sind. Sie sollen deshalb nun allgemein betrachtet werden.

Gegeben sei eine Funktion f auf einem Intervall $[a, b]$; die Funktionswerte dürfen jetzt beliebiges Vorzeichen haben.

Für jede natürliche Zahl n (Folgenindex) sei Z_n eine **Zerlegung** von $[a, b]$ mit den Teilungsstellen $x_i^{(n)}$ für $i = 0, 1, \ldots, m^{(n)}$, wobei $a = x_0^{(n)} < x_1^{(n)} < \ldots < x_{m^{(n)}}^{(n)} = b$, d. h., $[a, b]$ wird zerlegt in die Teilintervalle $[x_{i-1}^{(n)}, x_i^{(n)}]$. (Im Voranstehenden wurde nur *eine* Zerlegung von $[a, b]$ betrachtet und daher kein oberer Index angebracht.) Die „Feinheit" der n-ten Zerlegung Z_n wird gemessen durch die Zahl

$$\delta_n := \max_{i=1,\ldots,m^{(n)}} (x_i^{(n)} - x_{i-1}^{(n)}),$$

also durch die Länge des größten Teilintervalls. In Bild 11.3 sind die ersten drei Zerlegungen einer Zerlegungsfolge (Z_n) von $[a, b]$ dargestellt; das jeweils größte Teilintervall ist hervorgehoben.

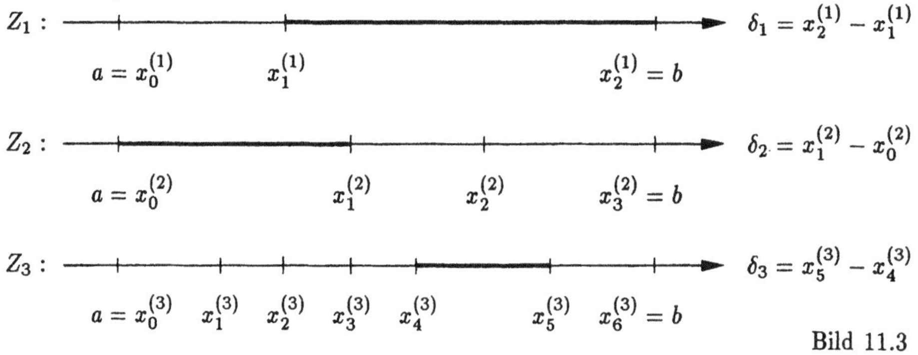

Bild 11.3

Betrachtet werden Zerlegungsfolgen (Z_n), die "unbegrenzt feiner" werden, d. h., für die gilt $\lim_{n\to\infty} \delta_n = 0$.

Schließlich wird in jedem Teilintervall $[x_{i-1}^{(n)}, x_i^{(n)}]$ eine Zwischenstelle $\xi_i^{(n)}$ gewählt. Analog (11.1) bilden wir die Summe

$$S_n := \sum_{i=1}^{m^{(n)}} f(\xi_i^{(n)}) \cdot (x_i^{(n)} - x_{i-1}^{(n)}), \tag{11.2}$$

die man **Riemann-Summe** der Funktion f nennt (Bernhard Riemann, 1826 - 1866).

Nach diesen Vorbereitungen geben wir eine grundlegende Definition.

> **Definition 11.1**   *Eine Zahl I heißt* (b e s t i m m t e s) I n t e g r a l *der Funktion f über dem Intervall* $[a, b]$, *wenn für jede Folge von Zerlegungen von* $[a, b]$ *mit Teilungsstellen* $x_i^{(n)}$ *und der Eigenschaft* $\lim\limits_{n \to 0} \delta_n = 0$ *sowie für beliebige Zwischenstellen* $\xi_i^{(n)}$ *stets gilt*
>
> $$I = \lim_{n \to \infty} S_n.$$
>
> *Statt I schreibt man dann* $\int\limits_a^b f(x)\mathrm{d}x$ *und nennt a bzw. b* u n t e r e *bzw.* o b e r e I n t e g r a t i o n s g r e n z e.

Im Sinne dieser Definition ist die Formel

$$\int_a^b f(x)\mathrm{d}x := \lim_{\delta_n \to 0} \sum_{i=1}^{m^{(n)}} f(\xi_i^{(n)}) \cdot (x_i^{(n)} - x_{i-1}^{(n)}) \tag{11.3}$$

zu interpretieren.

Statt $\int\limits_a^b f(x)\mathrm{d}x$ kann man auch z. B. $\int\limits_a^b f(t)\mathrm{d}t$ oder $\int\limits_a^b f(u)\mathrm{d}u$ schreiben.

Wir formulieren eine hinreichende Bedingung für die Existenz des Integrals.

> **Satz 11.1**   *Ist die Funktion f auf* $[a, b]$ *stetig, so existiert* $\int\limits_a^b f(x)\mathrm{d}x$.

Auf die *praktische Berechnung* des Integrals werden wir im nächsten Abschnitt eingehen. Jetzt behandeln wir *Anwendungen*, die sich aus der Definition unmittelbar ergeben.

Im Hinblick auf Satz 11.1 setzen wir voraus, daß die im Folgenden vorkommenden Funktionen f, g, F auf $[a, b]$ stetig sind.

Flächeninhalt

a) Ist $f(x) \geq 0$ für alle $x \in [a, b]$, so ist nach den Überlegungen zu Beginn dieses Abschnitts

$$A := \int_a^b f(x)\mathrm{d}x \tag{11.4}$$

der Flächeninhalt des Flächenstücks F zwischen Graph von f, x-Achse sowie $x = a$ und $x = b$ (Bild 11.1).

b) Ist f wie in Bild 11.4 und bezeichnet A_1, A_2 bzw. A_3 den Flächeninhalt von F_1, F_2 bzw. F_3, so ist

$$A_1 = \int\limits_a^c f(x)\mathrm{d}x, \quad A_2 = -\int_c^d f(x)\mathrm{d}x, \quad A_3 = \int_d^b f(x)\mathrm{d}x. \tag{11.5}$$

Bei der mittleren Formel von (11.5) ist zu beachten, daß wegen $f(x) \leq 0$ für $x \in [c,d]$ auch $\int_c^d f(x)\mathrm{d}x \leq 0$ ist. Der Flächeninhalt A des gesamten, in Bild 11.4 schraffierten Flächenstücks ist $A = A_1 + A_2 + A_3$.

c) Ist $f(x) \geq g(x)$ für alle $x \in [a,b]$, so gilt für den Flächeninhalt A des Flächenstücks F „zwischen" f und g (Bild 11.5):

$$A = \int_a^b [f(x) - g(x)]\mathrm{d}x. \tag{11.6}$$

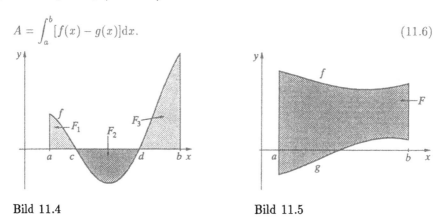

Bild 11.4   Bild 11.5

Arbeit

Wirkt eine konstante Kraft F [11]) längs eines geradlinigen Weges der Länge s, so verrichtet sie - wie in der Physik definiert wird - die Arbeit

$$W = F \cdot s.$$

Nun sei F eine wiederum in Wegrichtung (x-Achse) wirkende Kraft, die jedoch ortsabhängig ist: $F = F(x)$. Wie ist in diesem Falle die Arbeit W zu definieren, die bei der Bewegung von $x = a$ nach $x = b$ geleistet wird?

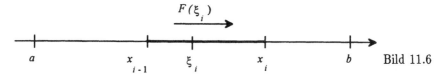

Bild 11.6

Wir denken uns das Intervall $[a,b]$ in Teilintervalle zerlegt und wählen in jedem $[x_{i-1}, x_i]$ eine Zwischenstelle ξ_i $(i = 1, \ldots, m)$; vgl. Bild 11.6.

---

[11]) Hier bezeichnet F also eine Kraft und kein Flächenstück.

Sind die Teilintervalle hinreichend klein, dann ist $F(\xi_i)$ ein (konstanter!) Näherungswert für die von x_{i-1} bis x_i wirkende Kraft, also $F(\xi_i) \cdot (x_i - x_{i-1})$ ein Näherungswert
für die von x_{i-1} bis x_i verrichtete Arbeit, und somit ist

$$\tilde{W} = \sum_{i=1}^{m} F(\xi_i) \cdot (x_i - x_{i-1})$$

ein Näherungswert für die gesuchte Arbeit W.
Offenbar ist $\tilde{W}$ eine Riemann-Summe von F, so daß gemäß Definition 11.1 die bei der
Bewegung von a nach b geleistete Arbeit der Kraft F gegeben ist durch

$$W = \int_a^b F(x)\,dx. \tag{11.7}$$

11.2 Hauptsatz der Differential- und Integralrechnung

Wenn nichts anderes gesagt ist, bezeichne I ein beliebiges Intervall in $\mathbb{R}$.

Definition 11.2   *Die Funktion $F : I \to \mathbb{R}$ heißt* S t a m m f u n k t i o n *der
Funktion $f : I \to \mathbb{R}$, wenn F auf I differenzierbar ist und für die Ableitung gilt*

$$F'(x) = f(x) \quad \text{für alle} \quad x \in I.$$

Beispiel 11.1   Für die Funktion $f(x) = x^n$, $x \in \mathbb{R}$, n eine feste natürliche Zahl, ist
$F(x) = \dfrac{1}{n+1} x^{n+1}$, $x \in \mathbb{R}$, eine Stammfunktion, denn nach der Ableitungsregel (10.9) gilt

$$F'(x) = \frac{n+1}{n+1} x^n = x^n = f(x) \quad \text{für alle} \quad x \in \mathbb{R}.$$

Die Ermittlung von Stammfunktionen ist also die Umkehrung des Differenzierens.
Der folgende wichtige Satz stellt eine Beziehung zum bestimmten Integral her.

Satz 11.2   (Berechnung bestimmter Integrale). *Ist die Funktion $f : [a,b] \to \mathbb{R}$
stetig und $F : [a,b] \to \mathbb{R}$ eine beliebige Stammfunktion von f, so gilt*

$$\int_a^b f(x)\,dx = F(b) - F(a). \tag{11.8}$$

Zur **Berechnung des bestimmten Integrals** einer stetigen Funktion f hat man
also
- eine Stammfunktion F von f zu bestimmen und
- Formel (11.8) anzuwenden.

Mit der Abkürzung $F(x)|_a^b := F(b) - F(a)$ erhält (11.8) die folgende Form:

$$\int_a^b f(x)\, \mathrm{d}x = F(x)|_a^b.$$

Beispiel 11.2   Nach Beispiel 11.1 ist $F(x) = \frac{1}{3}x^3$ eine Stammfunktion von $f(x) = x^2$ auf $\mathbb{R}$ und somit auch auf $[1, 2]$. Daher gilt

$$\int_1^2 x^2 dx = \frac{1}{3}x^3|_1^2 = \frac{1}{3}(2^3 - 1^3) = \frac{7}{3}.$$

Im Hinblick auf Satz 11.2 möchte man mehr über Stammfunktionen wissen; hierüber informiert der folgende Satz.

Satz 11.3   *Es sei $f : I \to \mathbb{R}$ eine stetige Funktion und $a \in I$. Dann gilt:*

(i) (Existenz von Stammfunktionen) *Die durch*

$$F_a(x) := \int_a^x f(t)\, \mathrm{d}t$$

definierte Funktion $F_a : I \to \mathbb{R}$ ist eine Stammfunktion von f.

(ii) (Darstellung beliebiger Stammfunktionen). *Ist $F : I \to \mathbb{R}$ irgendeine Stammfunktion von f, dann gibt es eine reelle Zahl c, so daß gilt*

$$F(x) = F_a(x) + c \qquad \textit{für jedes}\ \ x \in I.$$

Die Sätze 11.2 und 11.3 faßt man zusammen unter der Bezeichnung *Hauptsatz der Differential- und Integralrechnung:* Sie beinhalten die Beziehungen zwischen dem Differenzieren (Ermittlung von Stammfunktionen als Umkehrung des Differenzierens) und dem bestimmten Integrieren (im Sinne von Definition 11.1).
Die Menge aller Stammfunktionen einer Funktion $f : I \to \mathbb{R}$ heißt **unbestimmtes Integral** von f auf I und wird mit $\int f(x)\mathrm{d}x$ bezeichnet. Nach Satz 11.3 (ii) besteht $\int f(x)\mathrm{d}x$ aus allen Funktionen der Form $F(x) + c$, wobei F eine spezielle Stammfunktion von f auf I (z. B. die Funktion F_a) ist und c alle reellen Zahlen durchläuft. Hierfür schreibt man

$$\int f(x)\, \mathrm{d}x = F(x) + c, \quad x \in I, \tag{11.9}$$

und bezeichnet c als *Integrationskonstante.*

Die Richtigkeit einer unbestimmten Integration kann durch Differenzieren überprüft werden:
(11.9) gilt genau dann, wenn $F'(x) = f(x)$ für alle $x \in I$.
Auf diese Weise ergeben sich aus den Differentiationsregeln in Abschnitt 10.3 sofort entsprechende Formeln für unbestimmte Integrale:

$$\int 0\,\mathrm{d}x \;=\; c \tag{11.10}$$

$$\int x^a\,\mathrm{d}x \;=\; \frac{x^{a+1}}{\alpha+1}+c \quad (\alpha \neq -1; x>0) \tag{11.11}$$

$$\int \mathrm{e}^x\,\mathrm{d}x \;=\; \mathrm{e}^x + c \tag{11.12}$$

$$\int a^x\,\mathrm{d}x \;=\; \frac{a^x}{\ln a}+c \quad (a>0, a\neq 1) \tag{11.13}$$

$$\int \frac{\mathrm{d}x}{x} \;=\; \ln|x| + c \quad (x \neq 0) \tag{11.14}$$

$$\int \cos x\,\mathrm{d}x \;=\; \sin x + c \tag{11.15}$$

$$\int \sin x\,\mathrm{d}x \;=\; -\cos x + c \tag{11.16}$$

$$\int \frac{\mathrm{d}x}{\cos^2 x} \;=\; \tan x + c \quad (\cos x \neq 0) \tag{11.17}$$

$$\int \frac{\mathrm{d}x}{\sin^2 x} \;=\; -\cot x + c \quad (\sin x \neq 0) \tag{11.18}$$

$$\int \frac{\mathrm{d}x}{\sqrt{1-x^2}} \;=\; \arcsin x + c \quad (-1 < x < 1) \tag{11.19}$$

$$\int \frac{\mathrm{d}x}{1+x^2} \;=\; \arctan x + c \tag{11.20}$$

Beispiel 11.3   Zu berechnen ist

$$A = \int_{-1}^{1} \frac{\mathrm{d}x}{1+x^2}.$$

Nach (11.20) ist $F(x) = \arctan x$ eine Stammfunktion von $f(x) = \dfrac{1}{1+x^2}$. Daher gilt

$$A = \arctan x\big|_{-1}^{1} = \arctan 1 - \arctan(-1) = \frac{\pi}{4} - \left(-\frac{\pi}{4}\right) = \frac{\pi}{2}.$$

Geometrisch stellt A den Flächeninhalt des in Bild 11.7 schraffierten Flächenstücks dar.

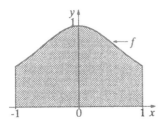

Bild 11.7

Beispiel 11.4　Gesucht ist der Flächeninhalt des von dem Graphen der Funktion $f(x) = \cos x$, $x \in [0, \frac{3}{4}\pi]$, der x-Achse sowie den Geraden $x = 0$ und $x = \frac{3}{4}\pi$ berandeten Flächenstücks F.

Da die Funktion f auf $[0, \frac{3}{4}\pi]$ kein einheitliches Vorzeichen hat, müssen wir die Teile F_1 und F_2 von F (Bild 11.8) getrennt betrachten. Für den Flächeninhalt A_1 bzw. A_2 von F_1 bzw. F_2 erhalten wir analog zu (11.5)

$$A_1 = \int_0^{\frac{\pi}{2}} \cos x \, dx, \quad A_2 = -\int_{\frac{\pi}{2}}^{\frac{3}{4}\pi} \cos x \, dx.$$

Gemäß (11.15) ist $F(x) = \sin x$ eine Stammfunktion von $f(x) = \cos x$ auf $\mathbb{R}$. Somit ist

$$A_1 = \sin x\big|_0^{\frac{\pi}{2}} = \sin \frac{\pi}{2} - \sin 0 = 1,$$

$$A_2 = -\sin x\big|_{\frac{\pi}{2}}^{\frac{3}{4}\pi} = -\sin \frac{3}{4}\pi - \left(-\sin \frac{\pi}{2}\right) = -\frac{1}{2}\sqrt{2} + 1.$$

Der Flächeninhalt A von F ist also

$$A = A_1 + A_2 = 2 - \frac{1}{2}\sqrt{2} = 1,29.$$

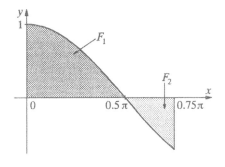

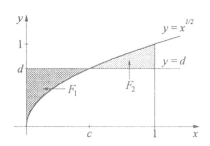

Bild 11.8　　　　　　　　　　　　　　Bild 11.9

Beispiel 11.5　Die Gerade $y = d$ in Bild 11.9 ist so zu bestimmen, daß die Flächenstücke F_1 und F_2 den gleichen Flächeninhalt haben.

Bezeichnet A_1 bzw. A_2 den Flächeninhalt von F_1 bzw. F_2, so gilt nach (11.6)

$$A_1 = \int_0^c [d - \sqrt{x}]dx, \quad A_2 = \int_c^1 [\sqrt{x} - d]dx.$$

Hierbei ist $\sqrt{c} = d$, also $c = d^2$. Für $f(x) = d - \sqrt{x} = d - x^{\frac{1}{2}}$ ist $F(x) = d \cdot x - \frac{2}{3}x^{\frac{3}{2}}$ eine Stammfunktion auf $[0, +\infty)$ (vgl. (11.11)). Somit gilt

$$A_1 = \left(d \cdot x - \frac{2}{3}x^{\frac{3}{2}}\right)\Big|_0^c = d \cdot c - \frac{2}{3}c^{\frac{3}{2}} = \frac{1}{3}d^3.$$

Analog erhält man

$$A_2 = \left(\frac{2}{3}x^{\frac{3}{2}} - d \cdot x\right)\Big|_c^1 = \left(\frac{2}{3} - d\right) - \left(\frac{2}{3}c^{\frac{3}{2}} - d \cdot c\right) = \frac{1}{3}d^3 - d + \frac{2}{3}.$$

Daher gilt $A_1 = A_2$ genau dann, wenn $d = \frac{2}{3}$. Die gesuchte Gerade hat also die Gleichung $y = \frac{2}{3}$.

Beispiel 11.6 Die Gravitationskraft F_G, die die Anziehung zweier Massen m_1 und m_2 beschreibt, ist gegeben durch

$$F_G(r) = \gamma \frac{m_1 \cdot m_2}{r^2}.$$

Hierbei ist r der Abstand zwischen den Massenmittelpunkten und γ die Gravitationskonstante. Sollen die beiden Massen aus einem Abstand $r = a > 0$ auf einen Abstand $r = b > a$ gebracht werden, so ist nach (11.7) die Arbeit

$$W_G = \int_a^b F_G(r)\,\mathrm{d}r = -\gamma\,\frac{m_1 \cdot m_2}{r}\bigg|_a^b = \gamma m_1 m_2 \left(\frac{1}{a} - \frac{1}{b}\right) \tag{11.21}$$

zu verrichten.

Speziell soll die Arbeit berechnet werden, die erforderlich ist, um eine Masse von $m = 50$ kg von der Erdoberfläche um $h = 10$ m anzuheben.
Wir verwenden die Werte

$$\gamma = 6,67 \cdot 10^{-11}\ \mathrm{m^3 \cdot kg^{-1} \cdot s^{-2}},$$
$$R = 6,37 \cdot 10^6\ \mathrm{m} \qquad \text{(Erdradius)},$$
$$M = 5,977 \cdot 10^{24}\ \mathrm{kg} \qquad \text{(Erdmasse)}.$$

Die gegebene Masse m, die wir uns als Punktmasse idealisiert denken dürfen, ist also von R bis $R + h$ gegen die Gravitationskraft zu bewegen. Gemäß (11.21) gilt

$$W_G = \int_R^{R+h} \gamma \frac{M \cdot m}{r^2}\,\mathrm{d}r = \gamma M m \left(\frac{1}{R} - \frac{1}{R+h}\right).$$

Vor der numerischen Auswertung beachte man, daß der Term in Klammern eine Differenz benachbarter kleiner Zahlen ist, bei der sich Rundungsfehler auf vordere Stellen auswirken können. Daher formen wir zunächst um und erhalten schließlich

$$W_G = \gamma M m \frac{h}{R(R+h)} = 4912,47\ \mathrm{N}.$$

Bei einer Fehleranalyse wäre insbesondere die sehr unterschiedliche Größenordnung der Faktoren zu berücksichtigen.

Literatur

Luderer, B.; Nollau, V.; Vetters, K.: Mathematische Formeln für Wirtschaftswissenschaftler. 5. Aufl. Teubner-Verlag, Wiesbaden 2005.

Schäfer, W.; Georgi, K.; Trippler, G.: Mathematik-Vorkurs. 5. Aufl. Teubner-Verlag, Wiesbaden 2002.

Scholz, S.: Mathematik in Übungsaufgaben. Teubner-Verlag, Wiesbaden 1999.

Vetters, K.: Formeln und Fakten. 4. Aufl. Teubner-Verlag, Wiesbaden 2004.

Wenzel, H.; Heinrich, G.: Übungsaufgaben zur Analysis Ü I. 6. Aufl. Teubner-Verlag, Wiesbaden 1999.

Zeidler, E. (Hrsg.): Teubner-Taschenbuch der Mathematik. 2. Aufl. Teubner-Verlag, Wiesbaden 2003.

Sachregister

Fit für die Prüfung

Turtur, Claus Wilhelm
Prüfungstrainer Mathematik

Klausur- und Übungsaufgaben mit vollständigen Musterlösungen
2., überarb. u. erw. Aufl. 2008. 600 S. mit 176 Abb. Br. EUR 29,90
ISBN 978-3-8351-0211-8

Mengenlehre - Elementarmathematik - Aussagelogik - Geometrie und Vektorrechnung
- Lineare Algebra - Differential- und Integralrechnung - Komplexe Zahlen - Funktionen
mehrerer Variabler und Vektoranalysis - Wahrscheinlichkeitsrechnung und Statistik -
Folgen und Reihen - Gewöhnliche Differentialgleichungen - Funktionaltransformationen
- Musterklausuren - Tabellen und Formeln

Mit diesem Klausurtrainer gehen Sie sicher in die Prüfung. Viele Übungen zu allen
Bereichen der Ingenieurmathematik bereiten Sie gezielt auf die Klausur vor. Ihren
Erfolg können Sie anhand der erreichten Punkte jederzeit kontrollieren. Und damit
Sie genau wissen, was in der Prüfung auf Sie zukommt, enthält das Buch
Musterklausuren von vielen Hochschulen!

Turtur, Claus Wilhelm
Prüfungstrainer Physik

Klausur- und Übungsaufgaben mit vollständigen Musterlösungen
2., überarb. Aufl. 2009. II, 570 S. mit 189 Abb. Br. EUR 34,90
ISBN 978-3-8348-0570-6

Mechanik - Schwingungen, Wellen, Akustik - Elektrizität und Magnetismus - Gase und
Wärmelehre - Optik - Festkörperphysik - Spezielle Relativitätstheorie - Atomphysik,
Kernphysik, Elementarteilchen - Statistische Unsicherheiten - Musterklausuren

Mit diesem Klausurtrainer gehen Sie sicher in die Prüfung. Viele Übungen zu allen
Bereichen der Physik bereiten Sie gezielt auf die Klausur vor. Ihren Erfolg können Sie
anhand der erreichten Punkte jederzeit kontrollieren. Und damit Sie genau wissen,
was in der Prüfung auf Sie zukommt, enthält das Buch Musterklausuren von vielen
Hochschulen!

**VIEWEG+
TEUBNER**

Abraham-Lincoln-Straße 46
65189 Wiesbaden
Fax 0611.7878-400
www.viewegteubner.de

Stand Juli 2009.
Änderungen vorbehalten.
Erhältlich im Buchhandel oder im Verlag.